写给孩子的编程书

玩转SCRATCH 3

神奇百变的模块

李雁翎 匡 松 / 主编

张斯雯 刘 征 / 编著

获取名师视频课 | 获取本书配套素材包

方法1 | 方法2

扫一扫
即可收看

扫码关注公众号
回复"bcs3"

扫码加小助手微信
直接索取

国家开放大学出版社出版 国开童媒（北京）文化传播有限公司出品

北 京

陈国良院士序

在中国改革开放初期，人们渴望掌握计算机技术的时候，是邓小平最早提出："计算机的普及要从娃娃做起。"几十年过去了，我们把这句高瞻远瞩的话落实到了孩子们身上，他们的与时俱进，有目共睹。

时至今日，我们不但进入了信息社会，而且正在迈入一个高水平的信息社会。AI（人工智能）以及能满足智能制造、自动驾驶、智慧城市、智慧家居、智慧学习等高质量生活方式的 5G（第五代移动通信技术），正在向大家走来。在我看来，这个新时代，也正是从娃娃们开始就要学习和掌握计算机技术的时代，是我们将邓小平的科学预言继续付诸行动并加以实现的时代。

我们的后代，一定会在高科技环境中成长。因此，一定要从少儿时期抓起，从中小学教育抓起，让孩子们接受良好的、基本的计算思维训练和基本的程序设计训练，以培养他们适应未来生活的综合能力。

让少年儿童更早接触"编写程序"，通过程序设计的学习，建立起计算思维习惯和信息化生存能力，将对他们的人生产生深远意义。

2017 年 7 月，国务院印发的《新一代人工智能发展规划》提出"鼓励社会力量参与寓教于乐的编程教学软件、游戏的开发和推广"。2018 年 1 月，教育部"新课标"改革，正式将人工智能、物联网、大数据处理等列为"新课标"。

为助力更多的孩子实现编程梦，推动编程教育，李雁翎、匡松两位教授联合多位青年博士编写了这套《写给孩子的编程书》。这套书立意新颖、结构清晰，具有适合少儿编程训练的特色。"讲故事学编程、去观察学编程、解问题学编程"，针对性强、寓教于乐，是孩子们进入"编程世界"的好向导。

我愿意把这套《写给孩子的编程书》推荐给大家。

陈国良

2019 年 12 月

主编的开篇语

小朋友，打开书，让我们一起学"编程"吧！编程世界是一个你自己与计算机独立交互的"时空"。在这里，用智慧让计算机听你的"指挥"，去做你想让它做的"事情"吧！

在日常的学习和工作中，我们可少不了计算机的陪伴：你一定感受过"数字化校园"、VR课堂带来的精彩和奇妙；你的爸爸妈妈也一定享受过智能办公软件带来的快捷与便利；科学家们在航天工程、探月工程和深海潜水工程的科学研究中，都是在计算机的支持下才有了一个一个的发现和突破……我们的衣食住行也到处都有计算机的身影："微信"可以传递消息；出行时可以用"滴滴"打车；购物时会用到"淘宝"；小聚或吃大餐都会看看"大众点评"……计算机是我们的"朋友"，计算机科学是我们身边的科学。

计算机能做这么多大大小小的事情，都是由"程序"控制并自动完成的。打开这套书，我们将带你走进"计算机世界"，一起学习"编写程序"，学会与计算机"对话"，掌握计算机解决问题的基本技能。

学编程，就是学习编写程序。"程序"是什么？

简单地说，程序就是人们为了让计算机完成某种任务，而预先安排的计算步骤。无论让计算机做什么，或简单、或复杂，都要通过程序来控制计算机去执行任务。程序是一串指示计算机操作的命令（"指令"的集合）。用专业点儿的话说，程序是"数据结构＋算法"。编写程序就是编写"计算步骤"，或者说编写"指令代码"，或者说编写"算法"。

听起来很复杂，对吗？千万不要被吓到。编程就是你当"指挥"，让计算机帮你解决问题。要解决的问题简单，要编写的程序就不难；要解决的问题复杂，我们就把复杂问题拆解为简单问题，学会化繁为简的思路和方法。

我们这套书立意"讲故事—去观察—解问题"，从易到难，带领大家一步步学习。先掌握基本的编程方法和逻辑，再好好发挥自己的创造力，你一定也能成为编程达人！

举个例子：找最大数

问题一：已知2个数，找最大。

程序如下：

(1) 输入2个已知数据。

(2) 两个数比大小，取大数。

(3) 输出最大数。

问题二：已知 5 个数，找最大。

程序如下：

(1) 输入 5 个已知数据。

(2) 先前两个数比大小，取较大数；较大数再与第三个数比大小，取较大数……以此类推，每次较大数与剩余的数比大小，取较大数。这个比大小的动作重复 4 次，便可找到最大数。

(3) 输出最大数。

问题三：已知 N 个数，找最大。

程序如下：

(1) 输入 N 个已知数据。

(2) 先前两个数比大小，取较大数；较大数再与第三个数比大小，取较大数……以此类推，每次较大数与剩余的数比大小，取较大数。这个比大小的动作重复 N-1 次，便可找到最大数。

(3) 输出最大数。

上述例子中我们可以看出，面对人工难以处理的大量数据时，只要给计算机编写程序，确定算法，计算机就可以进行计算，快速得出答案了。

如果深入学习，同一个问题我们还可以用不同的"算法"求解（上面介绍的是遍历法，还有冒泡法、二分法等）。"算法"是编程者的思想，也会让小朋友在问题求解过程中了解"推理—演绎，聚类—规划"的方法。这就是"计算机"的魅力所在。

本系列图书是一套有独特创意的趣味编程教程。作者从大家喜欢的故事开始（讲故事，学编程），将故事情景在计算机中呈现，这是"从具象到抽象"的过程；再从观察客观现象出发（去观察，学编程），从客观现象中发现问题，并用计算机语言描述出来，这是"从抽象到具象再抽象"的过程；最后提出常见数学问题和典型的算法问题（解问题，学编程），在计算机中求解，这是"从抽象到抽象"的过程。通过这套书的渐进式学习，可以让小朋友走进人机对话的"世界"，从而培养和训练小朋友的"计算思维"。

本册以"美人鱼畅游海底"的故事为主线，通过"故事共情—任务抽象—逻辑分析—分解创作—概括迁移"的思维引导，带领大家用编程呈现小女孩雯雯变身美人鱼在海中遨游的十大情景。让小朋友在完成任务的过程中掌握计算思维，在编程中体验计算机的奇妙世界。

小朋友们，你们从这里起步，未来属于你们！

2019 年 12 月

目 录

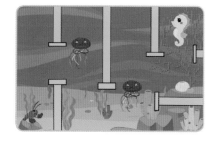

1

梦游海底

解锁新技能

🔓 设置角色

🔓 设置场景

🔓 控制角色行为

🔓 角色与背景的通信

雯雯是个聪明可爱的小姑娘，她特别爱看书。今天，她看的是《海的女儿》。那曲折动人的故事，纯洁善良的小美人鱼，还有奇幻美妙的海底世界都让她难以忘怀。她幻想着自己要是能去海底看看就好了。想着想着，雯雯睡着了……

　　咦，这是哪里？漂亮可爱的小鱼、五颜六色的珊瑚、各种各样的水草，还有远处亮闪闪的神奇城堡……眼前的一切真的美极了！雯雯发现自己变成了一条小美人鱼，真的来到了海底世界。啊，太棒啦！海底的美景令雯雯目不暇接，她兴奋地游来游去。

领取任务

小朋友，让我们借助 Scratch，通过观察和思考，将雯雯梦游海底的过程呈现在电脑上吧！

我们的任务是：程序启动，雯雯从左向右在画面中游动。当游到右侧，碰到屏幕边缘时，雯雯会发出一条消息"来到新地方"。与此同时，背景画面切换，而雯雯又回到起点，开始在新场景下向前游动。

想完成任务，我们要做什么呢？

首先，设置好角色和背景，让角色变成主人公雯雯，将背景布置成海底世界。

其次，综合使用各种指令，选取代码积木组合成模块，控制角色行为，让雯雯能够持续地游啊游。

最后，实现角色与背景之间的信息传递，使场景随着雯雯的游动而自动变换。

准备好了吗？让我们开始 Scratch 编程之旅，一起搭建神奇的代码模块，去畅游海底吧！

一步一步学编程

打开 Scratch 编辑器，先来认识一下界面的几个区域。

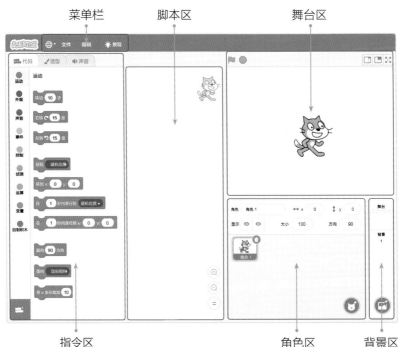

1 设置角色

屏幕右上侧舞台区上的小猫我们称之为"角色"。"角色"相当于故事里的人物。根据剧情需要，我们的主人公是雯雯。因此，我们要做的第一件事，就是将角色换成美人鱼雯雯的形象。

删除系统默认角色

◁　在角色区找到名为"角色1"的小猫图案。
点击右上角的删除按钮，删除"角色1"。

角色区变成了空的，舞台区的小猫也跟着一起消失了。

添加新角色

鼠标指向角色区右下侧的小猫头像图标，图标会由蓝色变成绿色，同时弹出包含四个按钮的角色更改菜单。▽

上传角色：
从本地文件中上传角色

随机：
随机生成一个角色

绘制：
绘制一个角色

选择一个角色：
从角色库中选择一个角色

△

点击上面第一个按钮，上传角色，打开已经下载到电脑中的本册"案例1"文件夹，从"3-1案例素材"文件夹中找到图片"美人鱼雯雯"。

【小贴士】
大家可以在学习之前先下载好配套的素材包，获取本册所有编程资源。

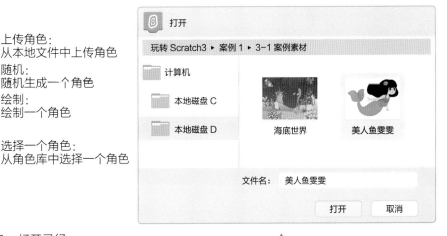

△

点击图片，再点击"打开"按钮，美人鱼雯雯的形象就载入程序里了。

角色	美人鱼雯雯	↔ x	−99	↕ y	−6
显示	👁 ⊘	大小	100	方向	90

舞台

背景
1

◁ 角色区和舞台区都出现了雯雯的形象，这样我们就成功添加好雯雯的角色啦！

2 设置背景

Scratch 的舞台背景默认是白色的。根据情景，我们要重新设置海底世界为背景。

鼠标指向背景区下方的蓝色图片图标，图片图标变成绿色，同时弹出含有四个按钮的菜单。 ▷

我们可以通过这四种方式为舞台设置各种各样的背景。本次任务中，我们先来尝试用"上传背景"和"选择一个背景"这两种方式进行操作。

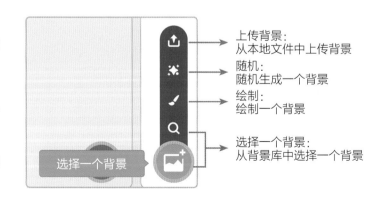

上传背景：
从本地文件中上传背景

随机：
随机生成一个背景

绘制：
绘制一个背景

选择一个背景：
从背景库中选择一个背景

选择一个背景

从本地上传背景

点击上面第一个按钮，上传背景。

在"3-1案例素材"文件夹中点击图片"海底世界"，再点击"打开"按钮。

△ 舞台背景变成了美丽的海底世界！恭喜你，成功添加了一个背景。

从背景库选择背景

将鼠标再次指向背景区下方的蓝色图片图标，直接点击此图标或者点击弹出的第四个按钮，进入背景库。▽

在背景库的上方，从左向右依次排列"所有""奇幻""音乐""运动""户外""室内""太空""水下"和"图案"标签按钮。点击"水下"按钮，进入与水下相关的背景库。

用鼠标点击选择"Underwater1"，这个背景就载入程序里了。这样，我们就为舞台添加好了第二个背景。

为了让场景更丰富，重复前面的操作，把背景库里的"Underwater2"也添加到舞台上。我们成功地为舞台添加了第三个背景。

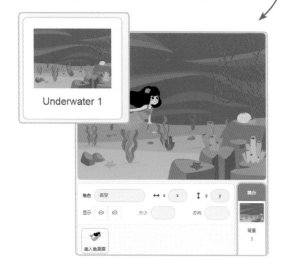

删除多余背景

回忆一下，刚打开 Scratch 编辑器时，是不是有一个默认的白色背景？可是我们并不需要这个白色的背景，因此我们要将"背景 1"删除。

用鼠标点击屏幕右侧背景区的"背景 4"图标，进入背景编辑状态，我们就可以编辑舞台背景啦。

▽ 在屏幕左边指令区的上方找到并点击"背景"选项卡，可以看到当前所有的四个背景。

◁ 鼠标点击选中最上方的"背景 1"，再点击它右上角的删除按钮，这个背景就被删除了。

现在，只剩下三个我们需要的背景，海底世界的背景就设置好啦。

3 控制角色行为

有了角色和背景，下面我们让雯雯在海底世界游动起来吧！

点击角色区中的雯雯角色，进入角色编辑状态。

点击屏幕左上角"代码"选项卡，会出现一列圆形按钮。它们表示不同类型的指令，点击每种指令，旁边都会出现多个可供选择的积木。

我们就是要通过选择指令和使用积木，在脚本区排列组合好代码模块，让角色实现不同的效果。

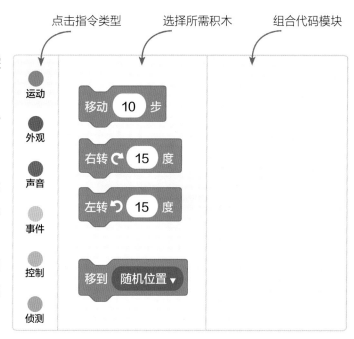

点击指令类型　　选择所需积木　　组合代码模块

设置角色位置

先来设置一下雯雯的出发点位置。

当我们用鼠标拖动舞台区的雯雯时，舞台下方会用坐标显示当前角色的位置，x 代表横向位置，y 代表纵向位置。

【编程秘诀】坐标

在 Scratch 中，我们可以通过"坐标"来设置角色的位置。

以舞台中心为坐标原点 (x：0，y：0)，将宽划分为 480 个像素，将高划分为 360 个像素。

舞台四个角的坐标值依次为：左上 (x：-240，y：180)、左下 (x：-240，y：-180)、右上 (x：240，y：180)、右下 (x：240，y：-180)。在 Scratch 中可以使用坐标定位舞台的任意一点。

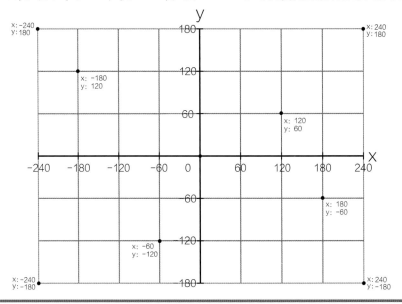

我们试试用坐标变化的指令来控制雯雯的位置和移动。

在"运动"类指令中，找到"移到 x：y："积木，按住鼠标将它拖到脚本区。

积木上白框里的数字是当前角色位置的坐标值。我们分别修改为 -160 和 0。▷

点击积木，舞台中的雯雯就移动到了指定的位置（x：160，y：0）。我们把这个位置作为雯雯的出发位置。

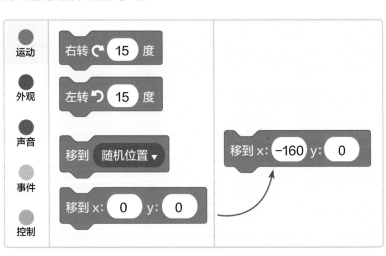

添加行动指令

接下来，让雯雯向前"游动"吧。

拖动"运动"类指令中的"移动10步"积木到脚本区。 ▷

点击积木，舞台中的雯雯会向前移动10步，再点击一次，雯雯再向前移动10步。

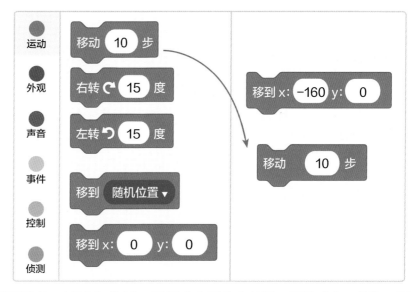

白框里面的数字是可以更改的，试试改成30，看看会出现什么效果；再改成3，观察一下有什么不同。

检测角色位置

这里，我们给雯雯设定移动3步，不断点击"移动3步"积木，舞台上的雯雯会不断向前游。可游着游着，雯雯游出舞台了！

这可不行，我们要对雯雯的位置做个限定，让雯雯一旦碰到舞台边缘，就重回起点。

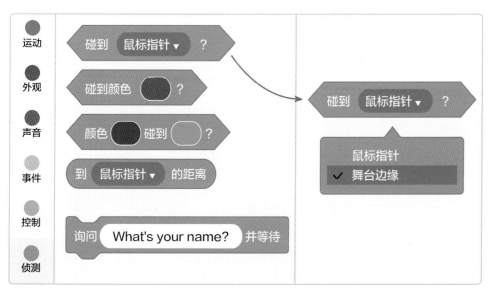

◁ 点击屏幕左侧代码下方的"侦测"类指令按钮，找到"碰到鼠标指针？"积木并把它拖到脚本区，我们用它来检测雯雯的行动位置。

点击积木上的"鼠标指针"，在弹出的下拉列表中选择第二个"舞台边缘"选项。

这样就把位置检测条件设置好了。

编辑行动代码

如果雯雯碰到了舞台边缘，就得回到起点而不能继续向前游动。我们想对雯雯的行动设定条件，就需要添加"如果……那么……否则……"条件判断积木。

请在"控制"类指令的代码积木中找到它并把它拖到脚本区。 ▷

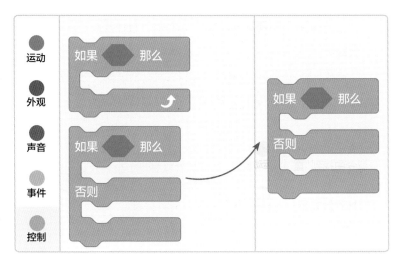

积木上"如果"后的阴影位置可以插入"条件"。在这里，我们的条件就是雯雯是否碰到舞台边缘。

把刚刚设置好的"碰到舞台边缘？"积木插入"如果"后的阴影位置。

如果雯雯碰到了舞台边缘，那么要回到起点位置，否则会继续向前移动。

把之前设置好的两个积木"移到x：-160 y：0"和"移动3步"，分别插入"那么"和"否则"下方的插槽里。

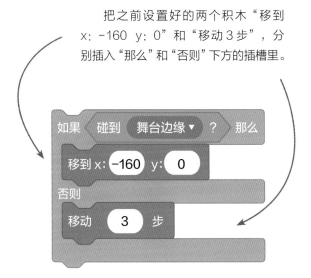

点击这个积木组合模块试试吧。咦，舞台上的雯雯会动，但只能动一下！可这并不是我们想要的效果！

我们想要的是：雯雯一直游到舞台尽头，当碰到舞台边缘时再自动回到起始位置。该如何实现雯雯一直游动的效果呢？这就要用到"重复执行"积木了。

在"控制"类指令中找到"重复执行"积木，把它拖到脚本区，包住刚才的"如果……那么……否则……"积木。

▷

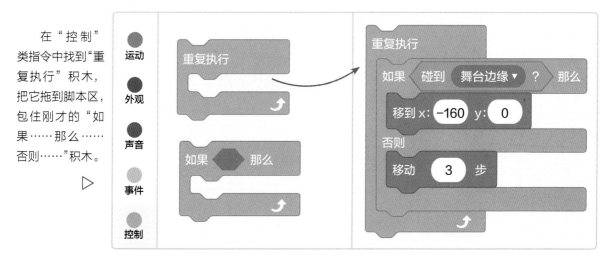

现在，再点击新的组合模块，看看效果实现了没有吧。

4 角色与背景通信

雯雯可以一直游到舞台尽头，还能回到起点了，可是场景总是这一个！这也无法呈现海底世界的丰富多彩呀！怎么办呢？

我们可以通过切换背景图片的方式来营造多个海底场景。背景一切换，雯雯就回到起点重新出发，这样雯雯就可以参观不同的海底景色了。要让舞台背景随着雯雯的游动发生变化，需要用到"广播"的功能。

【编程秘诀】广播

在Scratch中，角色与背景的指令是分开设置的，因此想要实现角色与背景之间的信息传递，需要用到"广播"的功能。

传递信息的一方发出广播指令，收到信息的一方就会执行相关的操作。

角色发出广播

我们先来学习怎么添加广播消息。雯雯一旦碰到舞台边缘，就会回到起点位置并给背景发"广播"，让背景实现切换。

点击"事件"类指令，找到"广播消息 1"积木，把它拖到脚本区，并拼接到表示移到起点的积木下面。让雯雯回到起点位置的同时发出广播。 ▽

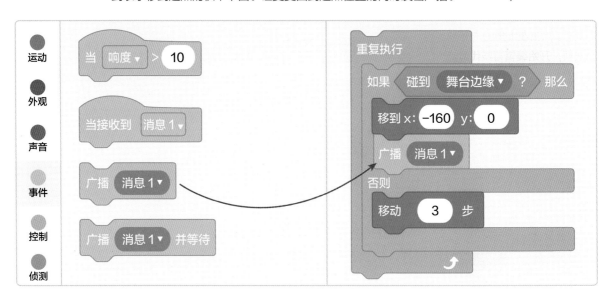

广播的内容是什么呢？点击积木上的 ▽ "消息 1"，在下拉列表中选择"新消息"。

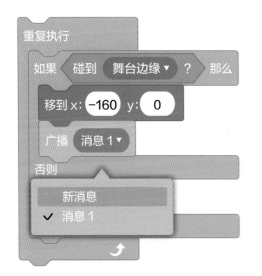

在弹出的对话框中输入"来到新地方"，▽ 然后点击"确定"按钮，新消息添加成功。

雯雯已经可以用广播发送消息了。

背景接收广播

接下来我们让背景接收信息吧。

点击舞台下方背景区的
背景图片，切换到背景编辑
状态。点击左上角的"代码"
选项，开始编辑背景代码。 ▷

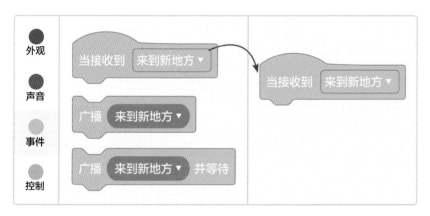

在"事件"类指令中，找到"当
接收到来到新地方"积木并将它拖
到脚本区。

◁

这样背景就能接收到
角色发出的广播信息了。

控制背景变换

接收到"广播"指令后，
背景需要相应地进行变换。

找到"外观"类指令中
的"下一个背景"积木，将
它拖到脚本区，拼接到"当
接收到来到新地方"积木的
下方。

◁

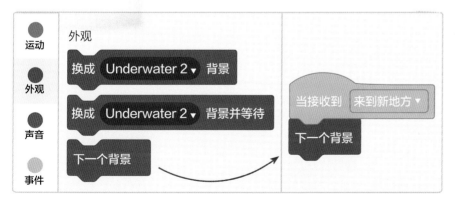

这样就能同步实现背景图片的变换了。

🏅 运行与优化

我们来整理一下本次任务的程序代码吧!

1. 角色代码

为了让程序能够运行起来,我们还要将"事件"类指令中的 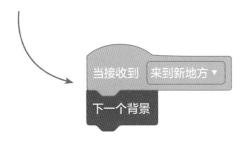 拖到雯雯角色代码的最上端。

雯雯角色代码模块最终如图所示。

2. 背景代码

背景代码模块最终如图所示。

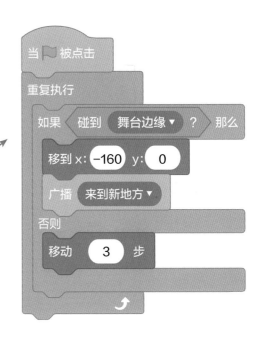

你是不是已经迫不及待想运行一下自己的程序了?

点击舞台上方的▶按钮,就可以让程序运行起来了。

怎么样?雯雯梦游海底的画面实现了吗?

即使雯雯梦游海底的愿望没有成功实现,也不要气馁,按照步骤再检查一下代码模块吧。

【小贴士】

检查一下雯雯的起始位置是否碰到了舞台左侧边缘。

如果一开始就碰到了舞台边缘,那么她将无法向前游动哟。

🐾 思维导图大盘点

让我们用思维导图整理一下，看看这个编程任务是怎么完成的。

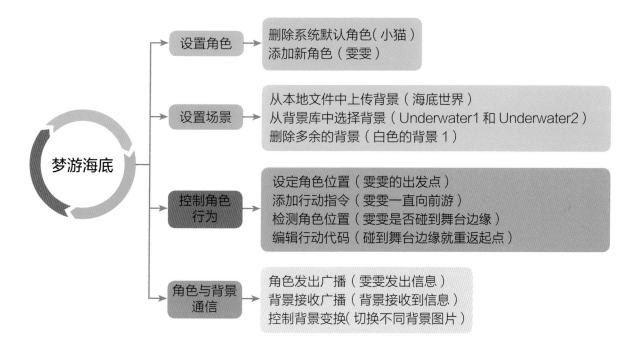

梦游海底

- 设置角色
  - 删除系统默认角色（小猫）
  - 添加新角色（雯雯）
- 设置场景
  - 从本地文件中上传背景（海底世界）
  - 从背景库中选择背景（Underwater1 和 Underwater2）
  - 删除多余的背景（白色的背景1）
- 控制角色行为
  - 设定角色位置（雯雯的出发点）
  - 添加行动指令（雯雯一直向前游）
  - 检测角色位置（雯雯是否碰到舞台边缘）
  - 编辑行动代码（碰到舞台边缘就重返起点）
- 角色与背景通信
  - 角色发出广播（雯雯发出信息）
  - 背景接收广播（背景接收到信息）
  - 控制背景变换（切换不同背景图片）

🐾 挑战新任务

恭喜你，将雯雯梦游海底的画面生动地呈现在电脑上了！

瞧，雯雯在海里游来游去，多开心。

接下来，请小朋友再开动脑筋想一想，怎么做能让雯雯在海底实现往返游动呢？快自己动手去试一试吧。

欢迎舞会

解锁新技能

🔓 设定角色造型

🔓 控制角色动作

🔓 设置音乐

🔓 设置舞台颜色特效

啊，海底世界真漂亮！

海底的小精灵和小仙子发现了美人鱼雯雯，大家很快就成了好朋友。

小精灵和小仙子决定准备一场海底舞会，欢迎雯雯加入海底大家庭！

瞧，舞台上多彩的灯光亮起来啦，动感的音乐响起来啦，热情的舞蹈跳起来啦！

雯雯太激动了，她好想把这个画面记录下来！

👑 领取任务

小朋友，让我们通过观察和思考，用 Scratch 帮雯雯呈现海底舞会上小精灵和小仙子跳舞的场景吧！

我们的任务是：程序启动，舞会开始，音乐响起，小精灵和小仙子跟随音乐翩翩起舞，舞台颜色也随之变换。

想完成任务，我们要做什么呢？

首先，设置角色和背景，让角色变成小精灵和小仙子，让背景变成海底舞台。

其次，用各种代码积木组合模块，让角色能变换造型，热情舞动起来。

再次，上传音乐，让舞会上能播放音乐，热闹动感。

最后，添加颜色特效，让舞台可以变颜色，绚丽多彩。

准备好了吗？让我们开始 Scratch 编程之旅，一起搭建神奇的代码模块，去参加海底的欢迎舞会吧！

👑 一步一步学编程

1 设置角色

我们先把要跳舞的小精灵和小仙子邀请到舞台上。还记得怎么设置角色吗？

删掉系统默认角色

在角色区找到名为"角色 1"的小猫图案。点击右上角的删除按钮，删除"角色 1"。 ▷

角色区变成了空的，舞台上的小猫也跟着一起消失了。

添加新角色

鼠标指向角色区右下侧的小猫头像图标，图标会由蓝色变成绿色，同时弹出包含四个按钮的角色更改菜单。 ▷

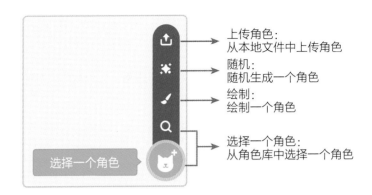

上传角色：
从本地文件中上传角色

随机：
随机生成一个角色

绘制：
绘制一个角色

选择一个角色：
从角色库中选择一个角色

点击上面第一个按钮，上传角色。打开已经下载到电脑中的本册"案例2"文件夹，从"3-2案例素材"文件夹中找到图片"小精灵跳舞1"。

点击图片，再点击"打开"按钮，小精灵第一个 ▷
形象就载入程序里了。

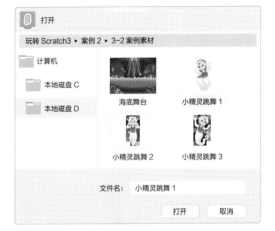

角色区和舞台区都出现了小精灵的形象，这
▽ 样我们就成功添加好小精灵的角色啦！

▷ 用同样的方法，
把素材包里的"小仙子跳舞1"图片也添加为角色。

2 设置背景

Scratch 的舞台背景默认是白色的。根据情景，我们要重新设置海底舞台为背景。

鼠标指向背景区下方的蓝色图片图标，图片图标变成绿色，同时弹出包含四个按钮的菜单。点击上面第一个按钮，上传背景。

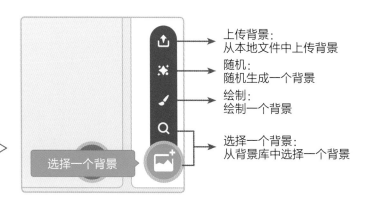

上传背景：
从本地文件中上传背景

随机：
随机生成一个背景

绘制：
绘制一个背景

选择一个背景：
从背景库中选择一个背景

△ 在"3-2 案例素材"文件夹中找到并点击图片"海底舞台"，再点击"打开"按钮。

△ 舞台背景变成了美丽的海底舞台！这样，我们就成功添加好背景图片啦！

3 调整角色造型

下面我们让小精灵和小仙子在舞台上站好位置，并准备好不同的动作造型！

先来给小精灵设置。点击角色区的小精灵角色，进入角色编辑状态。再点击屏幕左上角的"造型"选项卡，进行角色造型编辑。

添加新造型

首先，我们为小精灵添加几个不同的舞蹈造型。

将鼠标指向造型管理区下方的小猫头像图标，图标会由蓝色变成绿色，同时弹出包含五个按钮的菜单。我们可以通过这五种方式为角色设置各种各样的造型。

▽ 本次任务中，我们先用"上传造型"的方式进行操作。点击第二个按钮，上传造型。

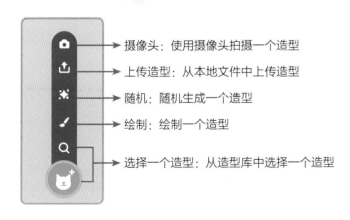

摄像头：使用摄像头拍摄一个造型

上传造型：从本地文件中上传造型

随机：随机生成一个造型

绘制：绘制一个造型

选择一个造型：从造型库中选择一个造型

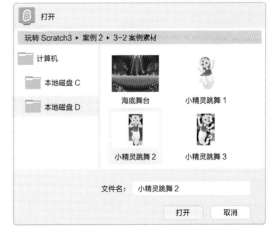

在"3-2案例素材"文件夹中找到并点击 ▷
图片"小精灵跳舞2"，再点击"打开"按钮。

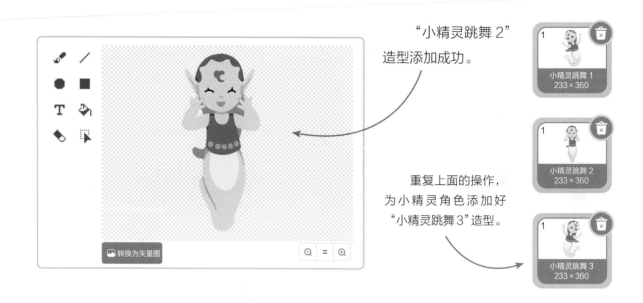

"小精灵跳舞 2"造型添加成功。

重复上面的操作，为小精灵角色添加好"小精灵跳舞 3"造型。

调整造型大小

小精灵跳舞的几个造型都添加好了，可是小精灵在舞台上看起来好大呀，我们需要调整一下。

先点击"小精灵跳舞 1"，这个造型就出现在了造型编辑区。编辑区的周围有画笔、填充、选择、文本、橡皮擦、线段、圆、矩形八个工具选项。我们可以用不同的选项来编辑造型。

先点击"选择"工具，框选编辑区的小精灵。

然后用鼠标拖动蓝色边框四个顶点的任意一点，可以实现角色大小的缩放。我们根据舞台区的画面呈现效果，把小精灵的角色造型调整为合适的大小。小精灵的第一个造型就设置好了。 ▷

同样的方法，依次选中并调整好"小精灵跳舞 2"和"小精灵跳舞 3"这两个造型的大小。几个造型的大小要分别调整才行，这个要记住哟！

调整角色位置

现在舞台上小精灵的位置还有点儿不合适。我们还要帮帮忙才行。在舞台区，直接用鼠标拖动小精灵，放到舞台上你觉得不错的地方就可以了。

下面轮到小仙子啦。

与小精灵操作类似，我们先为小仙子添加两个造型，然后调整好每个造型的大小，并让小仙子也出现在舞台上的合适位置。

4 控制角色动作

接下来，让小精灵和小仙子舞动起来吧！把角色的不同造型连续切换，舞蹈动作连贯起来，就可以呈现跳舞的效果。

先点击角色区中的小精灵，进入小精灵角色编辑状态，再点击屏幕左上角的"代码"选项卡。从"外观"类指令中找到"下一个造型"积木，并把它拖到脚本区。▷

点击该积木，小精灵就会变换一个造型，再点击一次，又变换一个造型。小精灵可以展示不同的舞蹈动作啦。

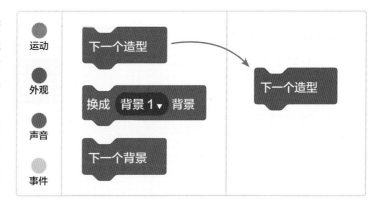

不过，舞蹈的动作应该优美流畅，不该是我们点一下才动一下！怎么让造型自己不断变换，把动作连成舞蹈呢？

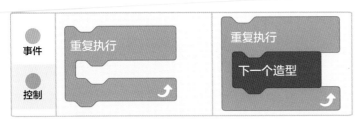

用"控制"类指令中的"重复执行"积木就可以了。找到并拖动"重复执行"积木到脚本区,包住"下一个造型"积木。

点击这个积木组合模块试试,小精灵真的舞动起来了吧?但是,小精灵的动作太快了,这样看起来真的很奇怪!我们得控制一下造型变换的速度才行!

在"控制"类指令中找到"等待1秒"积木,把它拖到"下一个造型"积木下方,并把数值修改为0.3。

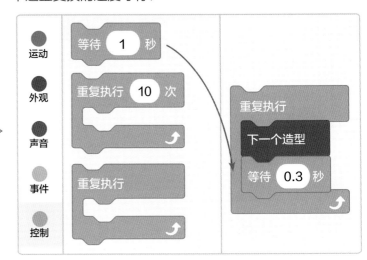

这次,小精灵的舞蹈不快不慢,看起来很舒服了吧?

通过上面的学习,你一定也能为小仙子设置好代码积木,让她也翩翩起舞吧?

你完成后的屏幕界面是下面这样吗?

5 设置音乐

热闹的舞会怎么能少了音乐伴奏呢？接下来，我们学习如何设置音乐。

点击舞台下方背景区的背景图片，进入背景编辑状态。点击屏幕左上方指令区的"声音"选项卡。 ▷

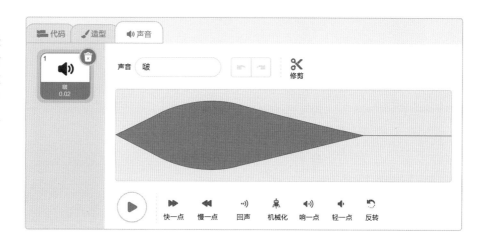

导入新声音

鼠标指向屏幕左下角的小喇叭图标，图标会由蓝色变成绿色，同时弹出包含四个按钮的菜单。

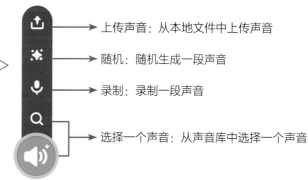

上传声音：从本地文件中上传声音

随机：随机生成一段声音

录制：录制一段声音

选择一个声音：从声音库中选择一个声音

我们可以通过这四种方式为舞台设置各种各样的声音。本次任务中，我们先尝试用"上传声音"的方式进行操作。

点击上面第一个按钮，上传声音。在"3-2案例素材"文件夹中找到并点击文件"舞会音乐"，再点击"打开"按钮。 ▷

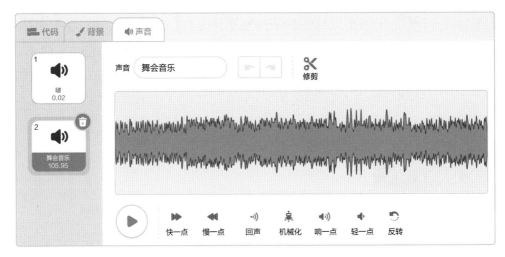

△ 新的音乐就载入程序中了。声音管理区中出现了"舞会音乐"文件。

编辑声音积木

怎么在舞会上播放音乐呢？

点击屏幕左上角的"代码"选项卡，在"声音"类指令中找到并拖动"播放声音啵"积木到脚本区。 ▽

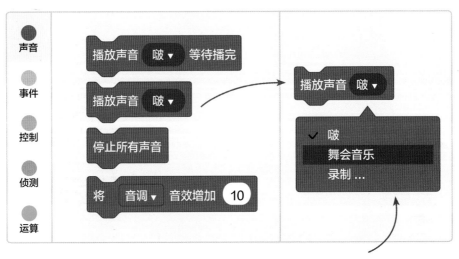

点击积木上的"啵"，弹出下拉列表，选择"舞会音乐"。这样，我们就把声音换好了。

6 设置颜色特效

音乐准备就绪，小精灵和小仙子已经跃跃欲试。不过，感觉少了点儿什么。对了，缺少舞台上闪烁的灯光！

这里，我们会用添加颜色特效的方法营造出灯光闪烁变幻的效果。

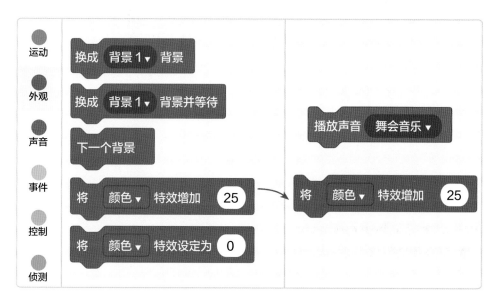

在背景编辑状态下，从"外观"类指令中，找到名为"将颜色特效增加25"的代码积木，并把它拖到脚本区。◁

为了营造"灯光闪烁不停"的效果，我们需要让颜色不停变化。"重复执行"代码积木就可以帮我们实现这个效果。

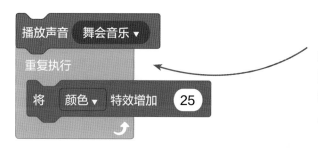

在"控制"类指令中点击并拖动"重复执行"代码积木到脚本区，拼接到"播放声音舞会音乐"代码积木的下方，然后在它的插槽中插入"将颜色特效增加25"代码积木。

舞台上颜色不停变化的效果可以实现啦！

🏆 运行与优化

我们来整理一下本次任务的程序代码吧!

为了让程序能够运行起来,我们还要将"事件"类指令中的 被点击 拖到两个角色代码和背景代码的最上端。

1. 小精灵角色代码模块最终如图所示。

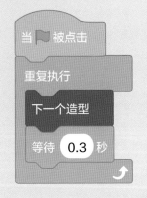

2. 小仙子角色代码模块最终如图所示。

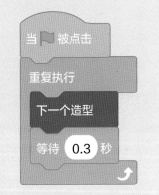

3. 背景代码模块最终如图所示。

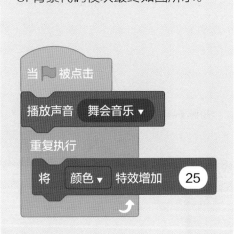

快来运行一下自己的程序吧!

点击舞台上方的 ⚑ 按钮,程序运行起来了吗?

看看,你有没有帮助雯雯记录下欢迎舞会的美好时光呢?

没有成功也不要气馁,按照步骤再检查一下代码吧。

【小贴士】

检查一下背景代码模块,播放声音的代码积木是不是放在了重复执行积木的外面?如果没有,音乐就无法顺利播放哟。

👑 思维导图大盘点

让我们用思维导图整理一下，看看这个编程任务是怎么完成的。

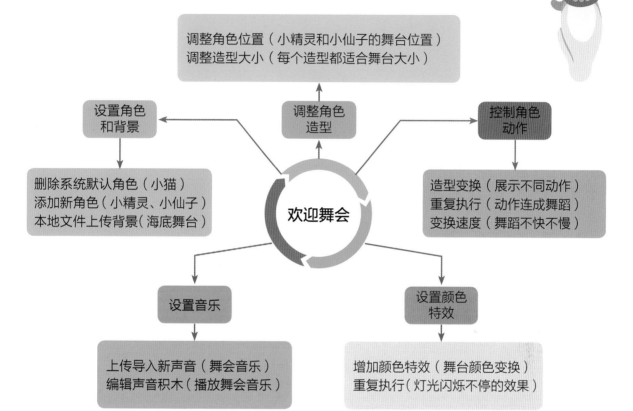

调整角色位置（小精灵和小仙子的舞台位置）
调整造型大小（每个造型都适合舞台大小）

设置角色和背景

调整角色造型

控制角色动作

删除系统默认角色（小猫）
添加新角色（小精灵、小仙子）
本地文件上传背景（海底舞台）

欢迎舞会

造型变换（展示不同动作）
重复执行（动作连成舞蹈）
变换速度（舞蹈不快不慢）

设置音乐

设置颜色特效

上传导入新声音（舞会音乐）
编辑声音积木（播放舞会音乐）

增加颜色特效（舞台颜色变换）
重复执行（灯光闪烁不停的效果）

👑 挑战新任务

舞会的精彩场面被成功记录下来了，雯雯非常高兴！

可是，背景音乐有点儿太长了。而且，当音乐停止的时候，小精灵和小仙子仍在跳着舞，看起来有点儿奇怪。

接下来，请你用聪明的小脑袋认真想一想，怎么让舞会的音乐简短一些，而且当音乐结束时，小精灵和小仙子也停止舞蹈呢？快去试一试吧！

3

海洋魔法师

解锁新技能

- 🔓 控制角色行动
- 🔓 颜色碰撞检测
- 🔓 设置角色颜色变换

舞会结束了，雯雯和朋友们开心地嬉笑打闹着。

哎哟！突然，雯雯被一根"绳子"绊了个大跟头。

"真是对不起，我的脚把你绊倒了！"

雯雯寻声看去，只看到了一个红色的大珊瑚。哪里来的声音呢？雯雯定睛一看才发现，在红珊瑚前有一只红色的小章鱼！

原来，小章鱼有个神奇的本领，能根据周围的环境改变自身颜色，从而伪装自己。

在色彩斑斓的海底世界，小章鱼的魔术表演要开始啦！

🜲 领取任务

小朋友，让我们通过观察和思考，用 Scratch 把小章鱼变色的神奇场景呈现出来吧！

我们的任务是：程序启动，屏幕上的小章鱼能够跟随鼠标指针移动，当碰到特定颜色的物体时，小章鱼会随之变成这种颜色。

想完成任务，我们要做什么呢？

首先，切换角色和背景，将角色设置成小章鱼，将背景设置成海底场景。

其次，设置角色移动行为，并实现鼠标控制角色，让小章鱼能够跟随鼠标指针移动。

最后，综合使用代码积木，组建模块，设定好小章鱼变色的条件、结果，让小章鱼随着环境变换颜色，顺利完成变色魔术。

准备好了吗？让我们开始 Scratch 编程之旅，一起搭建神奇的代码模块，和小章鱼一起玩变色魔术吧！

🜲 一步一步学编程

1 设置角色

这次的主人公是一只小章鱼。我们要做的第一件事情就是将角色切换为小章鱼的形象。

删掉系统默认角色

先在角色区找到并删除名为"角色 1"的小猫角色。

▷

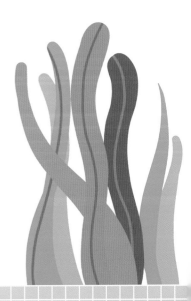

添加新角色

鼠标指向角色区右下侧的小猫头像图标，图标会由蓝色变成绿色，同时弹出包含四个按钮的角色更改菜单。

前面两次的学习中，我们都是用"上传角色"的方式来设置角色。本次，我们试试用"选择一个角色"的方式来设置角色。

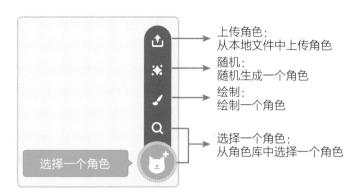

上传角色：
从本地文件中上传角色

随机：
随机生成一个角色

绘制：
绘制一个角色

选择一个角色：
从角色库中选择一个角色

△　点击第四个按钮或者直接点击小猫头像图标，打开角色库，选择一个角色。

在角色库的上方，从左向右依次排列有"所有""动物""人物""奇幻""舞蹈""音乐""运动""食物""时尚"和"字母"标签按钮。

点击"动物"按钮，进入与动物相关的角色库，找到"Octopus"。鼠标点击它，小章鱼的角色就载入程序里了。　▷

Octopus

瞜，角色区和舞台区都出现了小章鱼的形象。这说明，我们成功添加好角色啦！ ▷

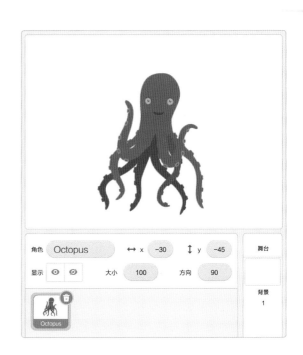

调整角色大小

可是，这只小章鱼在舞台上看起来并不小！没关系，我们来调整一下。

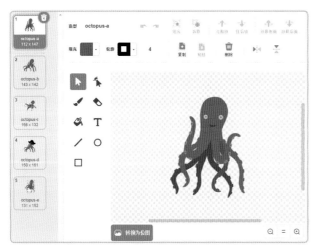

◁ 点击角色区的小章鱼角色，进入角色编辑状态。再点击屏幕左上角的"造型"选项卡，我们就可以对角色的造型进行编辑啦。屏幕最左侧的几个小图，是小章鱼角色的不同造型，本次任务中我们只选择一个就可以了。这里我们选中第一个造型，以它为例。

屏幕的中间位置是造型编辑区。先使用"选择"工具，框选小章鱼，再通过拖动蓝色边框四个顶点中任意一点的方式，把小章鱼调整为合适的大小，让它在舞台上呈现最佳效果。 ▷

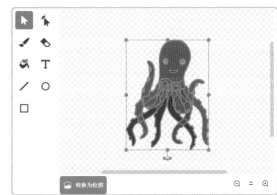

2 设置背景

Scratch 的舞台背景默认是白色的，根据剧情需要，我们要为小章鱼设计一个能展现自己才能的舞台场景。

鼠标指向舞台面板下方蓝色图片图标，图标变成绿色，同时弹出包含四个按钮的菜单。

点击上面第一个按钮，上传背景。 ▷

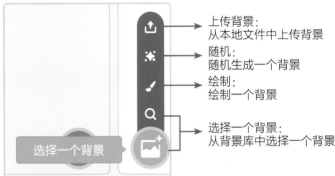

上传背景：
从本地文件中上传背景

随机：
随机生成一个背景

绘制：
绘制一个背景

选择一个背景：
从背景库中选择一个背景

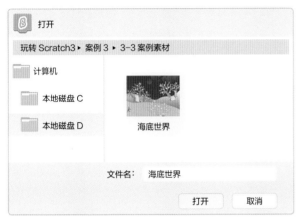

◁ 打开已经下载到电脑中的本册"案例 3"文件夹，从"3-3 案例素材"文件夹中找到并点击图片"海底世界"，再点击"打开"按钮。

舞台背景变成了美丽的海底世界！我们成功地用上传背景的方式，为小章鱼准备好了表演场景！

3 控制角色行为

通过大家的努力，小章鱼出现在了海底。接下来我们让小章鱼跟着鼠标指针动起来吧！

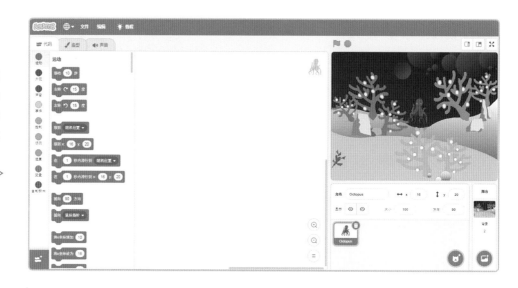

点击角色区的
小章鱼，进入角色
编辑状态。再点击
屏幕左上角的"代
码"选项卡。

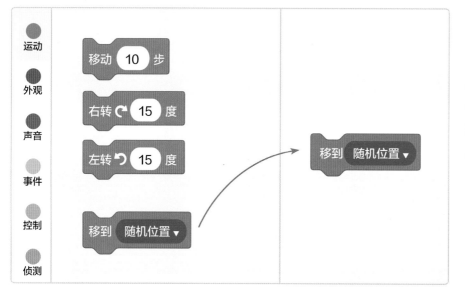

找到"运动"类指
令中的"移到随机位置"
代码积木，并把它拖到
脚本区。

点击积木上的"随机位置"，弹出下拉列表，
选择"鼠标指针"。这样，小章鱼的移动方式就
被设置为跟随鼠标指针而移动。

4 颜色碰撞检测

小章鱼要想随着环境变换颜色，先要检测自己碰到了什么颜色。这里我们要用到"颜色碰撞检测"。

"颜色碰撞检测"功能很神奇，是小章鱼完成变色魔术的关键。快来跟着试一试吧。

【编程秘诀】颜色碰撞检测

颜色碰撞检测是一个判断条件，判断物体是否与某种颜色发生接触。经常用颜色碰撞来检测两个角色是否相遇，或者角色和场景中的某些内容是否相遇。

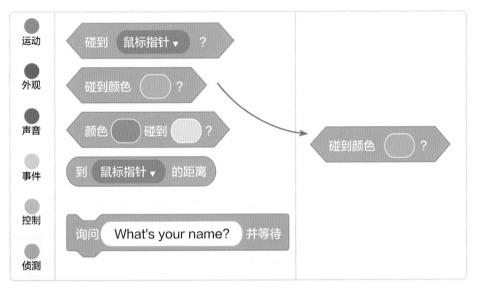

点击"侦测"类指令按钮，在旁边的代码积木中找到"碰到颜色……？"，并把它拖到脚本区。

◁

小章鱼碰到什么颜色要变色呢？需要我们来设置一下。

◁

点击积木上的椭圆形部分，会弹出一个颜色面板。

点击面板最下面的拾色器，再把鼠标移到舞台区，点击拾取一下背景图上橙色珊瑚的颜色。

拾取颜色后，颜色面板上显示了该颜色的各个分量。其中，最上面的"颜色"分量是确定该颜色的主要因素。你可以记一下这个颜色值，因为在后面我们还会用到哟！

小章鱼还碰到什么颜色会变色呢？你可以再设置一下其他想检测的颜色。

同样，先找到并拖动"碰到颜色……？"积木到脚本区，点击显示颜色的椭圆形部分，弹出颜色面板。然后使用拾色器拾取其他颜色。

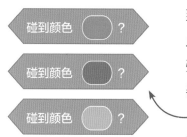

这里，我们先设置背景中三个不同珊瑚的颜色。

小章鱼碰到这三种颜色就会变色，这样，变色的前提条件就都设置好了。

5 设置角色颜色

下面来帮小章鱼完成"变色"魔术吧。我们要用到可以给小章鱼设置颜色的积木。

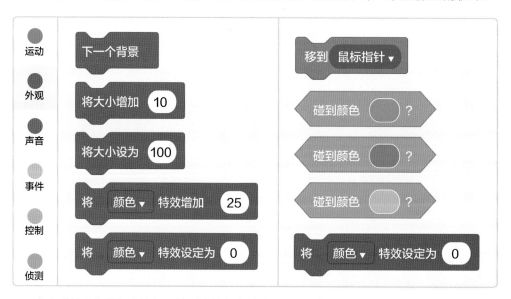

点击"外观"类指令按钮，找到"将颜色特效设定为0"积木，把它拖到脚本区。积木上白框中的数字表示颜色值，更改它小章鱼就会变色啦。 △

小章鱼要变成什么颜色呢？对了，小章鱼碰到橙色珊瑚就变成橙色呀。

还记得上一步中橙色的颜色值是多少吗？把数字填进去就可以了。如果忘记了也没关系，用鼠标再点击一下"碰到颜色……？"积木上的橙色颜色块，从弹出的颜色面板中找到颜色值。然后把数字填入"将颜色特效设定为 0"积木的白框里。

这样，当小章鱼碰到橙色植物时，就会变身橙色啦。

用同样的方法，设置好小章鱼要变身的其他两种颜色。找到并拖动"将颜色特效设定为 0"积木到脚本区，再修改颜色值。

太棒了，小章鱼可以变色啦！

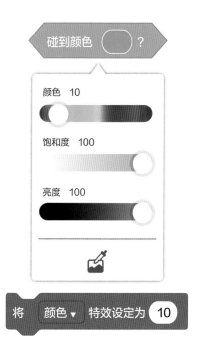

6 设置颜色特效

不过，小章鱼变色可是需要经过判断的。如果碰到设定的颜色，那么相应地变为这种颜色。

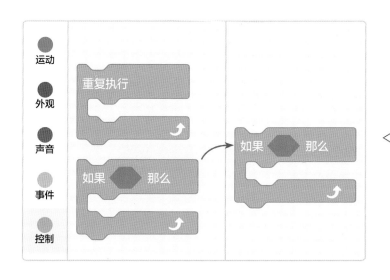

我们需要借助"如果……那么……"这个代码积木，把"条件"（碰到某种颜色）和"结果"（变成某种颜色）关联起来。在"控制"类指令中找到它，并把它拖到脚本区吧。

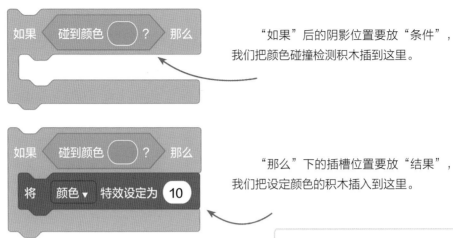

"如果"后的阴影位置要放"条件"，我们把颜色碰撞检测积木插到这里。

"那么"下的插槽位置要放"结果"，我们把设定颜色的积木插入到这里。

如果碰到橙色，那么变橙色，这个积木组合模块就设置好了。大家再来动动手，完成其余两种颜色的设置吧！

最后，我们把所有代码积木都拼接到一起。

▷

点击积木组合模块查看一下效果吧。咦，为什么小章鱼跑到舞台最左边不动了？

啊，原来我们只给小章鱼角色设定了执行一次的行为，忘记添加"重复执行"代码积木了！

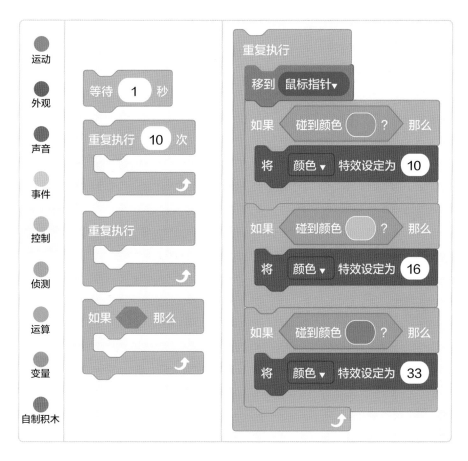

在"控制"类指令中找到"重复执行"积木，△
并把它拖到脚本区，包住刚才的积木组合。

再点击新的积木组合模块试试，现在没问题了吧？

👑 运行与优化

我们来整理一下本次任务的程序代码吧！

为了让程序能够运行起来，我们还要将"事件"类指令中的  拖到小章鱼角色代码的最上端。

小章鱼角色代码模块最终如图所示。

快来运行一下自己的程序吧！

点击舞台上方的 ⚑ 按钮，在舞台区移动鼠标，小章鱼跟着鼠标指针动起来了吗？当移动到设定颜色的三种珊瑚那里时，小章鱼实现"变色"了吗？

没有成功也不要气馁哟，按照步骤再检查一下代码吧。

【小贴士】

小章鱼的变色魔法你说了算，你也可以帮小章鱼设置更多、更好玩的变色游戏哟。

👑 思维导图大盘点

让我们用思维导图整理一下，看看这个编程任务是怎么完成的。

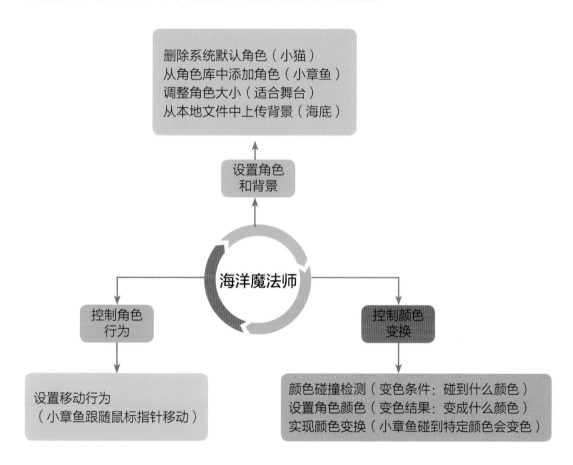

👑 挑战新任务

本次任务中，你顺利地帮助小章鱼完成了"变色魔术"的表演。

细心的小朋友会发现，小章鱼变了颜色之后，即使离开设定的珊瑚后，依然会保持刚刚变化的颜色。

快来开动脑筋想一想，怎么让小章鱼离开设定的珊瑚后，就恢复原本的颜色呢？动手试一试吧！

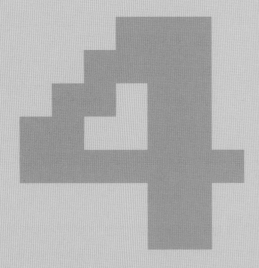

神奇的分身术

解锁新技能

🔓 添加动画效果

🔓 引入克隆功能

🔓 控制克隆体行为

雯雯继续开心地向前游。游着游着，她遇到一只可爱的小海星！

"你好！"雯雯大方地跟它打招呼。

小海星看了雯雯一眼，说："你知道我是谁吗？"

雯雯点点头说："当然。你的身体就像一颗五角星，你是小海星啊。"

"请叫我分身大师！"小海星有点儿神秘地说，"我会分身术——"

突然，嗖的一声，两只一模一样的小海星出现在雯雯面前！

雯雯简直不敢相信自己的眼睛，惊叹道："好神奇的分身术啊！"

👑 领取任务

小朋友，让我们通过观察和思考，用 Scratch 把小海星分身的场景呈现出来吧。

我们的任务是：程序启动，小海星说"我会分身术"，并变换三种不同颜色，之后舞台中出现两只一模一样的小海星，完成分身术表演。

想完成任务，我们要做什么呢？

首先，切换角色和背景，将角色设置成小海星，将背景设置成海底世界。

其次，用代码积木组合模块设置角色外观，让小海星能说话、会变色，更加生动活泼，营造变身表演前的效果。

最后，使用克隆功能，复制角色并控制克隆体行为，让小海星表演精彩的分身术。

准备好了吗？让我们开始 Scratch 编程之旅，一起搭建神奇的代码模块，帮小海星完成"分身术表演"吧！

👑 一步一步学编程

1 设置角色和背景

这次的主人公是小海星，故事发生的场景是海底世界。

采用从本地上传的方式，打开已经下载到电脑中的"案例4"文件夹，从"3-4案例素材"文件夹中找到并使用"小海星"和"海底世界"图片，把角色切换为小海星，把背景切换为海底世界。

然后把小海星的造型调整为合适的大小，使之在舞台上呈现最佳效果。

你成功了吗？如果不知道怎么做，可以复习一下前面学过的内容，再熟悉熟悉设置角色和背景的方法！相信你最终一定能够完成这个小任务。

2 设置角色外观

现在，可爱的小海星出现在了美丽的海底世界中，准备开始精彩的表演啦！小海星在分身之前，我们先给它添加点儿动画效果，做点儿准备动作，这样表演就更生动有趣了。

点击角色区的小海星，进入角色编辑状态，再点击屏幕左上角的"代码"选项卡。

▷

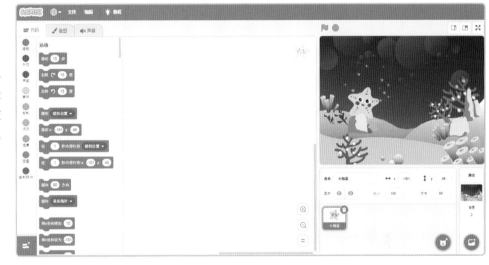

添加对话框

先让小海星说点儿什么吧。

在代码区，点击"外观"类指令按钮，右边会出现与角色外观设置相关的各种代码积木，我们拖动一个"说你好！2秒"到脚本区。

▷

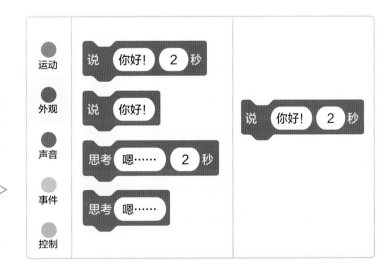

大家可以猜到,积木白框中的文字和数字都是可以更改的。我们将文字改为"我会分身术!",然后点击这个积木。舞台上的小海星旁出现了一个对话框,里面显示"我会分身术!"啊,小海星会说话啦!

积木上的数字表示对话框的停留时间,比如现在"我会分身术!"这句话在屏幕上显示 2 秒后会消失。你也可以根据自己需要进行修改。

添加颜色特效

再给小海星添加一下颜色特效,让小海星在分身前先酷酷地变换三种颜色。

在代码区的"外观"类指令下,找到代码积木"将颜色特效增加 25",并把它拖到脚本区。点击一下它,舞台上的小海星会变颜色,再点击一下,又变一次颜色。 ▽

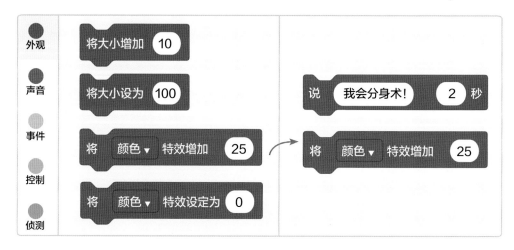

想一想如果我们希望小海星自动变换三次颜色要怎么办呢？对了！请"重复执行"代码积木来帮忙吧！

不过，请注意，当我们不确定次数，需要一直重复执行时，选择"重复执行"积木就可以了。但是，当我们知道重复执行的次数时，就要选择"重复执行……次"这个代码积木了哟。

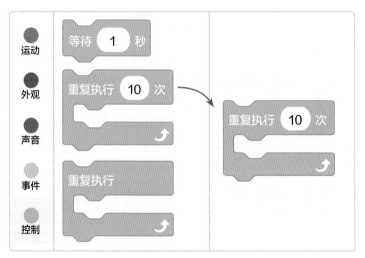

在"控制"类指令中找到"重复执行 10 次"代码积木并把它拖到脚本区。

将重复执行的次数改为 3次，并在它的插槽中插入"将颜色特效增加 25"代码积木。

点击这个积木组合模块看看效果吧。哎呀,小海星颜色变得太快了,一闪就结束了。这可不行,要为小海星添加时间控制积木,把变色速度控制得合适些。

点击"控制"类指令按钮,找到并拖动"等待1秒"积木到脚本区。把它拼接到"将颜色特效增加25"积木的下方,白框中的数字改为0.2。
▷

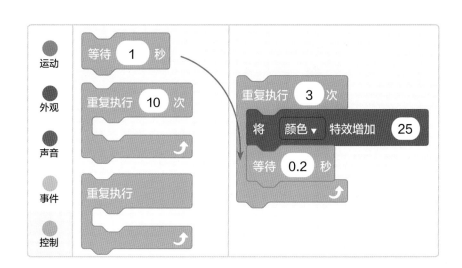

再点击这个积木组合模块看看,现在可以清楚地看到小海星变换了三种颜色!

3 引入克隆功能

接下来,就帮小海星实现神奇的分身术表演吧。

想让小海星顺利完成"分身",需要复制一个小海星出来,要用到 Scratch 中的"克隆"功能。

【编程秘诀】克隆

克隆,就是复制。克隆角色会创建出和原角色一样的克隆体。在 Scratch 中,经常会遇到一个角色重复出现的情况,比如海底有许多游来游去的小鱼,每个小鱼的外观和行为都相同。这个时候如果添加多个小鱼的角色,则需要编写很多重复的代码。克隆功能可以帮助我们解决这个问题。我们只需要为一个角色编写代码,然后克隆该角色就可以了。

▽   在"控制"类指令中找到"克隆自己"代码积木，并把它拖到脚本区。

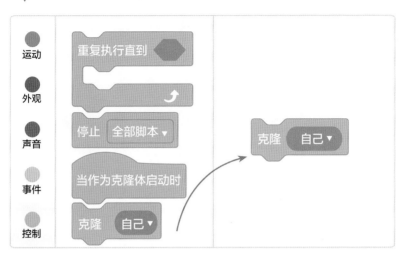

点击积木查看一下效果吧。

咦，真奇怪，为什么舞台上还是只有一只小海星？

其实，新的小海星已经
被复制出来了，只不过这个
"分身"和原来的小海星重
叠在一起，所以看不出来。

用鼠标拖动舞台上的小
海星，果然在后面还"藏着"
一只小海星！

4 控制克隆体行为

复制出来的小海星被称为"克隆体"。为了不让克隆体与原来的角色重叠，我们要用指令控制一下克隆体启动时的行为。

触发克隆体指令

先在"控制"类指令中找到"当作为克隆体启动时"代码积木，并把它拖到脚本区。

▷

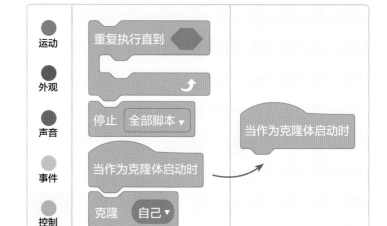

添加动作指令

点击"运动"类指令按钮，找到并拖动 "移到随机位置"代码积木到脚本区，拼接到"当作为克隆体启动时"代码积木下方。

▷

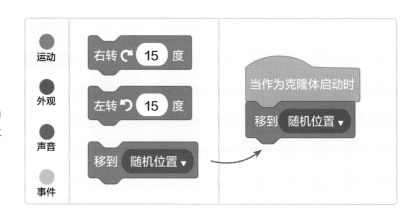

现在，做分身术表演时，"分身"就会移到随机位置，不会和小海星重叠到一起啦。

🐾 运行与优化

我们来整理一下本次任务的程序代码吧！

为了让程序能够运行起来，我们还要将"事件"类指令中的 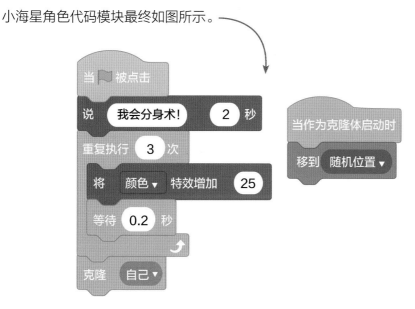 拖到小海星角色代码的最上端。

小海星角色代码模块最终如图所示。

快来运行一下自己的程序吧！

点击舞台上方的 🚩 按钮，程序运行起来了吗？舞台上的小海星有没有说话，有没有变色，有没有实现分身术表演？

没有成功也不要气馁，按照步骤再检查一下代码吧。

> **【小贴士】**
> 说话积木要放在"重复执行"积木外侧，否则小海星的动画效果可就不好看了哟。

思维导图大盘点

让我们用思维导图整理一下，看看这个编程任务是怎么完成的。

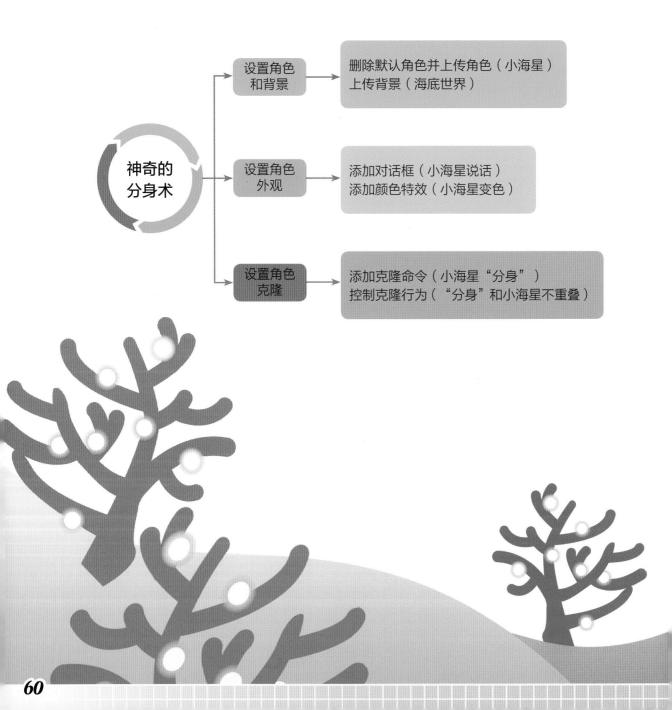

神奇的分身术

设置角色和背景 → 删除默认角色并上传角色（小海星）
上传背景（海底世界）

设置角色外观 → 添加对话框（小海星说话）
添加颜色特效（小海星变色）

设置角色克隆 → 添加克隆命令（小海星"分身"）
控制克隆行为（"分身"和小海星不重叠）

挑战新任务

恭喜你，成功帮小海星实现了分身术表演。

但是，本次学习，小海星只克隆出了一个"分身"。

下面请你开动脑筋想一想，怎么让小海星克隆出多个"分身"呢？快来试试吧！

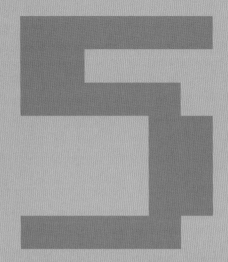

大鱼吃小鱼

解锁新技能

🔓 键盘控制角色

🔓 角色碰撞检测

🔓 控制角色状态

雯雯和小海星正玩得高兴，突然，一群小鱼边游边喊："快跑啊！大嘴鱼来了！"

"大嘴鱼可是海底的小霸王，咱们赶快躲起来！"小海星慌张地说。

雯雯他们刚躲到大石头后面，就看见大嘴鱼飞快地游过来。

啊呜一口，大嘴鱼把来不及躲避的小鱼们吃进了肚子里。

"这就是大自然的生态圈啊，大鱼吃小鱼，小鱼吃虾米……"雯雯自言自语地说。

🎖 领取任务

小朋友，让我们借助 Scratch，通过观察和思考，来设计一个大鱼吃小鱼的游戏吧！

我们的任务是：程序启动，初始化状态下，大鱼出现在舞台上来回游动。同时，舞台中会随机出现小鱼。通过按键盘上的"↑""↓"键控制大鱼向上、向下移动，当大鱼碰到小鱼时，小鱼被"吃掉"（消失）。

想完成任务，我们要做什么呢？

首先，设置游戏的角色和背景，让角色变成大鱼和小鱼，将背景变成海底场景。

其次，综合使用代码积木，组合成模块，控制角色行为，让大鱼能跟随键盘的指令上下移动。

最后，利用克隆功能，不断复制出小鱼，并为克隆体设置指令，控制小鱼们的行为，让小鱼在游动时碰到大鱼就消失。

准备好了吗？让我们开始 Scratch 编程之旅，一起搭建神奇的代码模块，设计一个大鱼吃小鱼的游戏吧！

🎖 一步一步学编程

1 设置角色和背景

这次的主人公是大鱼和小鱼，故事发生的场景是海底世界。

用从本地上传的方式，打开已经下载到电脑中的"案例 5"文件夹，从"3-5 案例素材"文件夹中找到并使用"大鱼"图片，把角色切换为大鱼。

再用从素材库选择的方式，分别在角色库的"动物"类角色和背景库的"水下"类背景中找到并使用"Fish"和"Underwater2"，添加小鱼角色和海底世界背景。

把大鱼和小鱼都调整为合适的大小，让它们在舞台上呈现最佳效果。

2 控制大鱼角色行为

设置移动行为

我们先让大鱼在海底游来游去，等待小鱼出现吧！

点击角色区的大鱼，进入角色编辑状态，再点击屏幕左上角的"代码"选项卡。

▷

（1）初始位置。

我们希望游戏一开始，大鱼就随机出现在舞台上的任意位置。这个怎么设置呢？

在屏幕最左侧找到并点击"运动"类指令按钮。在旁边的代码积木中找到"移到随机位置"，并将它拖到脚本区。

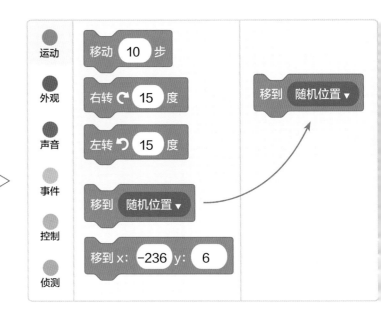

（2）角色移动。

我们再让大鱼移动起来吧。

拖动"运动"类指令中的"移动 10 步"代码积木到脚本区。白框中的数字可以根据自己想呈现的效果更改。这里我们先改为 2。

点击积木查看效果，我们发现，每点击一次，大鱼就向前移动 2 步。

太棒啦，大鱼可以"游"啦！

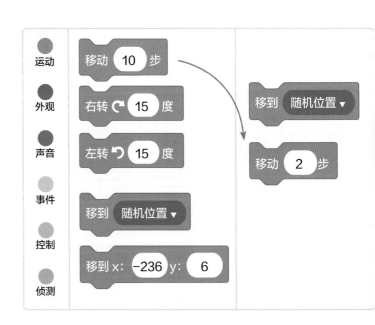

（3）往返移动。

可是，如果一直点击"移动2步"积木，大鱼就"游"出舞台啦。这可不行！我们要让大鱼"游来游去"，能不能让大鱼碰到舞台边缘就往回游呢？

当然可以，我们为大鱼添加一个"碰到边缘就反弹"的效果就行了。

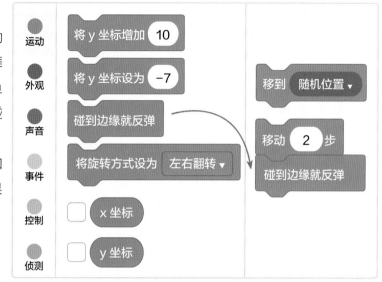

在"运动"类指令中，找到"碰到边缘就反弹"代码积木，将它拖到脚本区，并拼接到"移动2步"代码积木的下方。

点击这个积木组合模块查看效果。哎呀，反弹是反弹了，可大鱼反弹后竟然变成了肚子朝上的样子！看来我们还需要调整一下大鱼的旋转方式。

在"运动"类指令中找到"将旋转方式设为左右翻转"代码积木，并把它拖到脚本区拼接到"碰到边缘就反弹"代码积木的下方。

再次点击积木组合，大鱼终于可以正常地来回游动了。

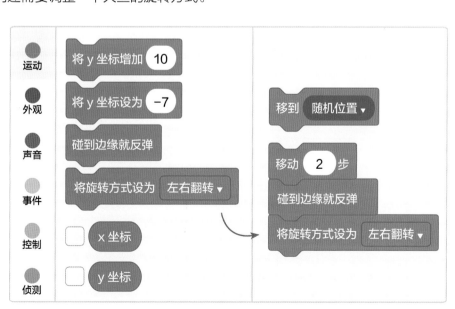

键盘控制角色

大鱼要吃掉小鱼，肯定不能只在一条直线上游来游去。我们希望在游戏中，能自己控制大鱼向上或向下去追逐小鱼。当按下电脑键盘"↑"键时，大鱼向上移动；当按下"↓"键时，大鱼向下移动。这个怎么设置呢？

（1）按键检测。

首先，我们要让大鱼知道我们按了向上键或向下键。这要用到按键检测功能。

在"侦测"类指令中找到"按下空格键？"代码积木，
▽　　　并把它拖到脚本区。

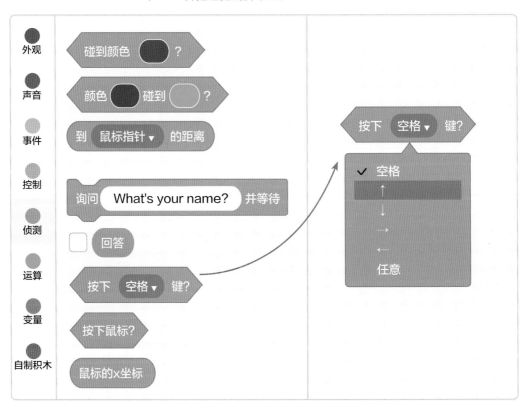

点击积木上的阴影部分，弹出下拉列表，选择"↑"。这样，当我们　　△
按下键盘上的"↑"键时，大鱼就知道了。

（2）移动指令。

大鱼知道我们按下了"↑"键之后，要相应地向上移动。我们可以用改变坐标值的方法，让大鱼向上移动。

你还记得吗？舞台上的任意一点都可以用坐标来表示，x 代表左右横向位置，y 代表上下纵向位置。y 坐标值增加，角色向上移动；y 坐标值减少，角色向下移动。

在"运动"类指令中找到"将 y 坐标增加 10"代码积木，把它拖到脚本区，将白框中的数字改为3。点击积木，大鱼就会向上移动啦。

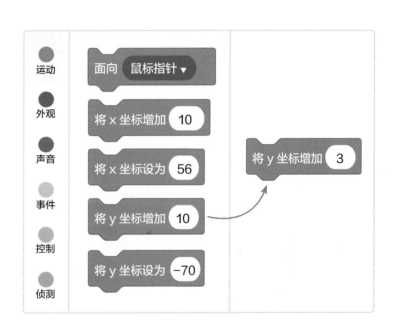

（3）控制移动方向。

如果大鱼检测到按下了"↑"键，那么就向上移动。这里我们要借助判断积木"如果……那么……"把前面两种积木关联起来。

在"控制"类指令的代码积木中找到"如果……那么……"积木，并把它拖到脚本区。

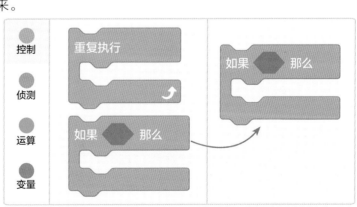

"如果"后的阴影位置要放"条件",我们把按键检测积木放到这里。

如果 按下 ↑ ▼ 键? 那么

"那么"下的插槽位置要放"结果",我们把位置移动积木插到这里。

如果 按下 ↑ ▼ 键? 那么
　　将 y 坐标增加 3

有了这个积木组合模块,当我们按下"↑"键时,大鱼就向上游了。

参照前面的步骤,请你再设置一下当我们按下"↓"键时,大鱼向下游的代码积木组合吧!

结果是不是下面这样? ▽

如果 按下 ↓ ▼ 键? 那么
　　将 y 坐标增加 -3

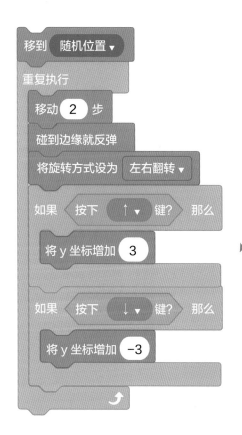

移到 随机位置 ▼
重复执行
　移动 2 步
　碰到边缘就反弹
　将旋转方式设为 左右翻转 ▼
　如果 按下 ↑ ▼ 键? 那么
　　将 y 坐标增加 3
　如果 按下 ↓ ▼ 键? 那么
　　将 y 坐标增加 -3

角色重复执行指令

我们为大鱼添加了往返游动的指令,也实现了用"↑""↓"键对大鱼进行控制。但是,大鱼的行动不应该是我们按一下积木,它才动一下。怎么办呢?

你已经想到了吧?用"重复执行"代码积木就可以解决问题啦!

在"控制"类指令中找到"重复执行"代码积木,并把它拖到脚本区。调整已经设置好的几个积木组合的位置:把往返移动和上下键控制移动的积木组合在一起,都放到"重复执行"代码积木的插槽中;再把"移到随机位置"积木放到"重复执行"组合的上方。

大鱼的角色代码就设置完成了。

3 控制小鱼角色行为

克隆角色

下面来设置小鱼的角色代码。

根据需要，小鱼要随机出现在舞台上，而且不只一条，是不断出现很多很多条。如果每条小鱼都添加一个角色，那要设置多少个角色呀？好在 Scratch 提供了克隆功能，可以解决我们的问题。

让我们先去复制小鱼吧！

▽ 点击角色区的"Fish"小鱼角色，进入角色编辑状态，
再点击屏幕左上角的"代码"选项卡。

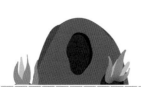

点击界面左侧的"控制"类指令按钮，从代码积木中找到并拖动一个"克隆自己"积木到脚本区。

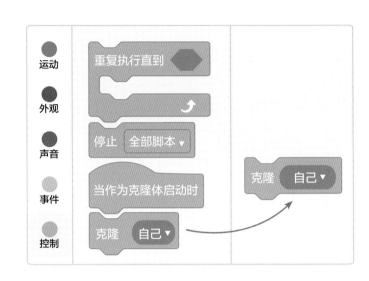

小鱼角色可以克隆自己啦。

我们希望小鱼不停地克隆自己，不断地出现在舞台上。还是请出"重复执行"积木来帮忙吧。

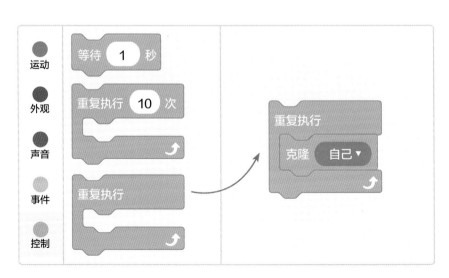

从"控制"类指令中找到"重复执行"积木并把它拖到脚本区，将"克隆自己"积木插入它的插槽里。

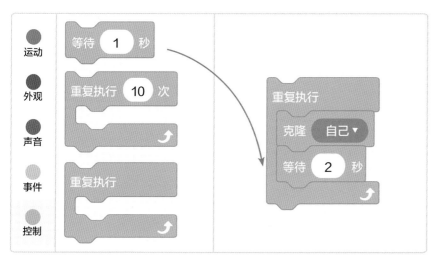

为了控制小鱼的克隆速度，我们再把"控制"类指令中的"等待 1 秒"积木拖到脚本区，拼接到"克隆自己"代码积木的下方，并将白框中的数字改为 2。

◁

这样，每过 2 秒，就会克隆出一条小鱼。

控制克隆体行为

克隆出来的小鱼都是克隆体，因此要控制这些小鱼的行为，其实就是通过指令和代码控制克隆体的行为。

（1）触发克隆体指令。

有了触发指令，我们才能对克隆体"发号施令"。

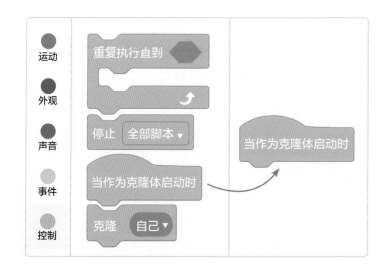

◁

从"控制"类指令中，找到"当作为克隆体启动时"代码积木，把它拖到脚本区。

（2）克隆体的位置和行为。

游戏中，小鱼们应该都是随机出现在海底的任意位置，然后不停地左右往返游来游去。这和之前给大鱼角色设置初始位置和移动行为是一样的。因此，小鱼们的位置及行为代码积木组合模块和大鱼的完全相同。你能设置好吗？

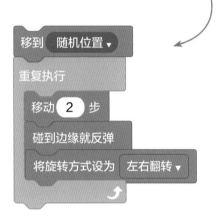

（3）判断克隆体状态。

恭喜你！大鱼和小鱼们现在都可以在海里游来游去了！但是，怎么实现"大鱼吃小鱼"的效果呢？

我们知道，小鱼其实并没有被吃掉，不过是当大鱼碰到小鱼时，小鱼就消失了，造成一种被大鱼"吃掉"的效果。

碰到大鱼，就会消失，我们需要先让小鱼们知道自己碰没碰到大鱼。

这里要用到角色碰撞检测的功能。

【编程秘诀】角色碰撞检测

角色碰撞检测是一个判断条件，判断一个角色与另一个角色是否发生接触。

在小鱼角色代码编辑状态下，点击界面左侧代码下方的"侦测"类指令按钮，找到"碰到鼠标指针？"积木，并把它拖到脚本区。

▽ 点击积木上的阴影部分，在弹出的下拉列表中选择"大鱼"选项。

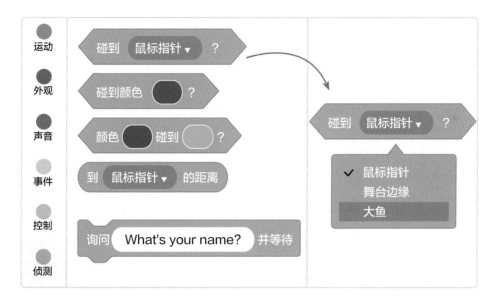

现在，这个积木就能帮小鱼们检测自己是否碰到了大鱼。小鱼消失的"条件"就设置好了。

小鱼怎么消失呢？我们通过删除小鱼克隆体的方式，实现小鱼"被吃掉"的效果。

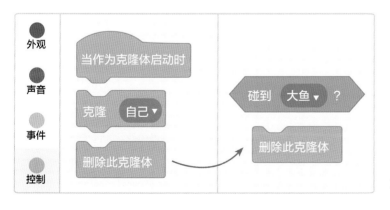

在"控制"类指令中找到"删除此克隆体"代码积木并把它拖到脚本区。

小鱼碰到大鱼的"结果"就设置好了。

我们把"条件"和"结果"组合起来。

在"控制"类指令中，找到"如果……那么……"代码积木，并把它拖到脚本区。将"碰到大鱼？"积木插入"如果"后的阴影位置，将"删除此克隆体"积木插入"那么"下的插槽位置。

这样，如果碰到大鱼，小鱼就会"被吃掉"了。

（4）克隆体执行指令。

我们把脚本区控制克隆体行为的各个组合模块整理一下。

碰到大鱼就消失，克隆体小鱼的这种行为也是要不断重复执行的。因此，我们把这个积木组合模块也放入"重复执行"积木的插槽中，拼接到小鱼往返移动组合模块的下面。

最后把触发克隆体指令的"当作为克隆体启动时"代码积木放在最上端。

克隆体代码积木模块就组合完成啦！看着长长的代码积木是不是很有成就感呢？

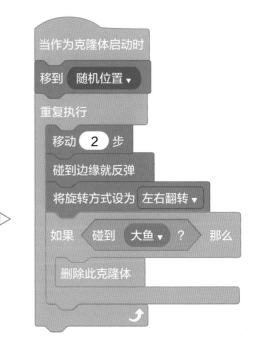

设置角色状态

现在的脚本区有两大积木组合模块。咦，怎么没法把它们组合到一起呢？

其实，这两个模块分别是用来控制小鱼角色和小鱼克隆体的。要知道，克隆体是被复制出来的，它和角色是两个概念，所以小鱼角色和小鱼克隆体的代码模块需要分开设置。

下面，让我们点击一下小鱼角色代码模块看看效果吧！小鱼们不断出现，也游动起来了吧？

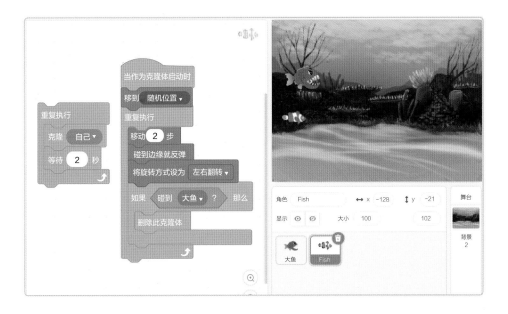

你发现了吗？有一条小鱼怪怪的，在舞台上一动不动！这是为什么呢？

其实，不动的那一条小鱼，正是克隆前最初的小鱼角色！

因为我们把动作指令都添加在了克隆体的代码积木模块中，所以克隆的小鱼都会按设定游动。但除了克隆指令，我们没有为小鱼角色添加任何动作，它当然不会动啦！

别的小鱼游来游去，只有这条小鱼不动，实在是太奇怪了。

没关系，我们可以想办法将它藏起来！

找到"外观"类指令中的"显示"和"隐藏"积木，把它们都拖到脚本区。

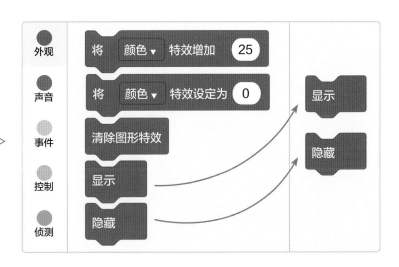

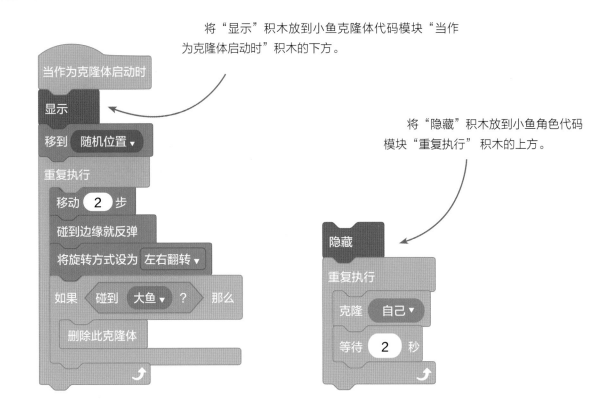

将"显示"积木放到小鱼克隆体代码模块"当作
为克隆体启动时"积木的下方。

将"隐藏"积木放到小鱼角色代码
模块"重复执行"积木的上方。

这样，能动的小鱼们被显示，不动的小鱼被隐藏，游戏时画面就没问题了。

👑 运行与优化

我们来整理一下本次任务的程序代码吧！

为了让程序能够运行起来，我们还要将"事件"类指令中的 拖到两个角色代码
的最上端。

1. 大鱼角色代码

大鱼角色代码模块最终如图所示。

2. 小鱼角色代码

小鱼角色代码模块最终如图所示。

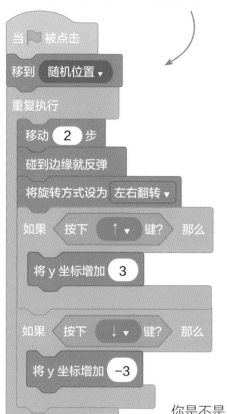

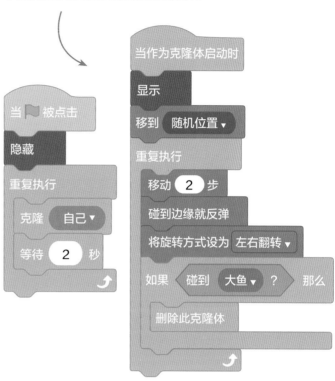

你是不是已经迫不及待想运行一下自己的程序了?

点击舞台上方的 🚩 按钮,就可以让程序运行起来了。使用"↑"键和"↓"键控制大鱼去"吃"小鱼吧。怎么样?自己设计的游戏是不是特别酷?

邀请其他小朋友来比试一下,看谁"吃"掉的小鱼多吧!

即使你的游戏没有运行成功,也不要气馁,按照步骤再检查一下代码吧。

【小贴士】

角色与克隆体是两个概念,因此本次任务中的小鱼角色和小鱼克隆体的代码模块需要分开设置。注意在操作的过程中千万不要弄混哟!通常,角色本身只需要添加与"克隆自己"相关的积木即可,而与行动相关的积木则需要添加给克隆体。

思维导图大盘点

让我们用思维导图整理一下，看看这个编程任务是怎么完成的。

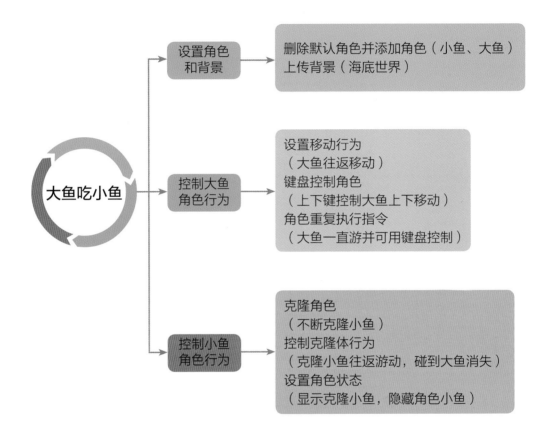

大鱼吃小鱼

设置角色和背景
删除默认角色并添加角色（小鱼、大鱼）
上传背景（海底世界）

控制大鱼角色行为
设置移动行为
（大鱼往返移动）
键盘控制角色
（上下键控制大鱼上下移动）
角色重复执行指令
（大鱼一直游并可用键盘控制）

控制小鱼角色行为
克隆角色
（不断克隆小鱼）
控制克隆体行为
（克隆小鱼往返游动，碰到大鱼消失）
设置角色状态
（显示克隆小鱼，隐藏角色小鱼）

♕ 挑战新任务

恭喜你！已经能编写一个简单的小游戏了！

不过，我们现在的小游戏没有添加结束功能，而游戏也不可能一直玩下去。

因此，请你先用上传的方式，为小游戏增加一个鲨鱼的角色；再设置通过按键控制大鱼躲避鲨鱼；当大鱼碰到鲨鱼时，游戏结束。

快结合所学内容，开动脑筋动手试一试吧！

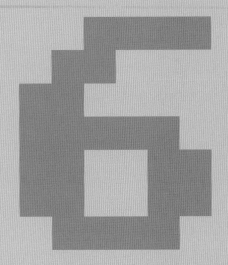

勇闯海草阵

解锁新技能

🔓 控制角色位置
🔓 控制角色行为
🔓 控制游戏进程

雯雯继续在海底看啊、逛啊……

哎哟，好痛！雯雯发现自己的手变得又红又肿。

原来是不小心碰到了水中有毒的海草。没想到海底世界到处都有"埋伏"啊！

不好！前面怎么遍布有毒的海草？好像是误入有毒的海草阵了。

在凶险重重的海草阵中，雯雯怎么才能顺利脱险呢？

一定要小心翼翼地从海草阵的间隙游过去才行。啊，这真是个刺激的游戏！

不过，雯雯心想：这可难不倒我，我来啦！

🏆 领取任务

小朋友，让我们借助 Scratch，通过观察和思考，编写一个雯雯穿越海草阵的闯关游戏吧！

我们的任务是：程序启动，美人鱼雯雯出现在屏幕左侧并向下坠落，毒海草不断从右向左在雯雯前方出现。我们通过按空格键控制雯雯向上移动，让雯雯能躲过毒海草并从间隙穿过。如果雯雯碰到毒海草，则闯关失败，游戏结束。

想完成任务，我们要做什么呢？

首先，切换角色为雯雯和海草阵，并调整好大小及初始位置，将背景换成海底场景。

其次，控制海草阵的角色行为，让海草阵变换形态不断出现，布置好游戏关卡。

再次，控制雯雯的角色行为，实现用键盘的空格键控制雯雯向上移动，顺利躲避海草阵。

最后，监测游戏的进程，并控制游戏结束。

准备好了吗？让我们开始 Scratch 编程之旅，一起搭建神奇的代码模块，去勇闯海草阵吧！

🏆 一步一步学编程

1 切换角色和背景

我们要表现的是海底场景下雯雯不停地从海草阵的间隙顺利穿过。因此我们先设置好雯雯和海草阵的角色，以及海底世界的背景。

采用从本地上传的方式，打开已经下载到电脑中的"案例 6"文件夹，从"3-6 案例素材"文件夹中找到并使用"美人鱼雯雯""海草阵"和"海底世界"图片，角色切换为雯雯和海草阵，背景切换为海底世界。

然后把雯雯和海草阵的造型都调整为合适的大小，使之在舞台上呈现最佳效果。

注意，修改海草阵造型时，为保证海草阵正常显示，一定要点击造型编辑区右下方的"转换为矢量图"，之后再调整海草阵的大小！

2 设置角色初始位置

来设置一下程序启动时雯雯和海草阵这两个角色的初始位置吧。你还记得用坐标设置角色位置的方法吗？再跟着一起做一做吧！

雯雯位置

先给雯雯设置好出场位置。

点击角色区的雯雯，进入角色编辑状态，再点击屏幕左上角"代码"选项卡。

▷

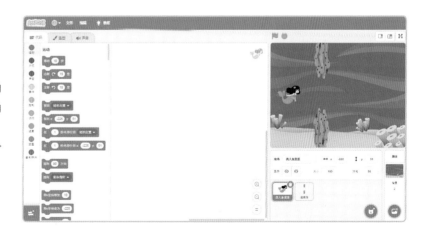

在舞台区，用鼠标拖动雯雯形象，让她待在舞台左侧上下居中的位置。

屏幕左侧代码区中，点击"运动"类指令按钮，从旁边找到"移到 x：y："积木，并把它拖到脚本区。积木上体现的是当前雯雯角色的坐标值，也就是现在雯雯在舞台上的位置。我们把它作为雯雯的初始位置。

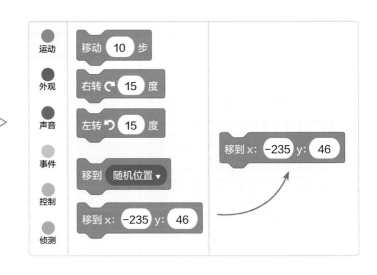

每台电脑的坐标值可能都不一样，请你按照自己电脑显示的合适位置来设置就可以了。

海草阵位置

接下来，设置海草阵角色的初始位置。

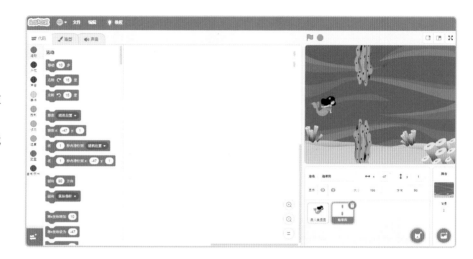

点击角色区的海草阵，进入角色编辑状态，再点击屏幕左上角的"代码"选项卡。

游戏中，海草阵要从舞台右侧出现，然后慢慢向雯雯这边移动，它的最初位置应该是在舞台右侧外。

我们还是请"移到x：y："代码积木来帮忙。

舞台最右侧的x坐标值为240，为了让整个海草阵完全处于右侧舞台外上下居中的位置，我们将积木上x后面的数值改成400，y后面的数值改为0。

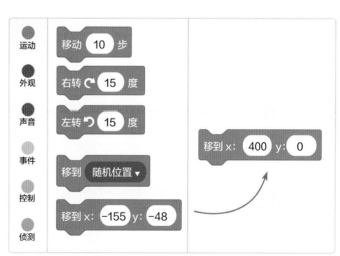

这样，角色们的登场位置就都设置好了。

控制海草阵角色行为

雯雯闯关之前，我们要先布置好海草阵关卡。

移动行为

先让海草阵能够从右向左移动起来。你能想到什么方法呢？

这次，我们通过减小 x 坐标值的方式，来实现海草阵向左移动的行为。

在海草阵角色编辑状态下，点击代码区的"运动"类指令按钮，从旁边找到"将 x 坐标增加 10"积木，并拖到脚本区。将积木上白框中的数字改为 -5。

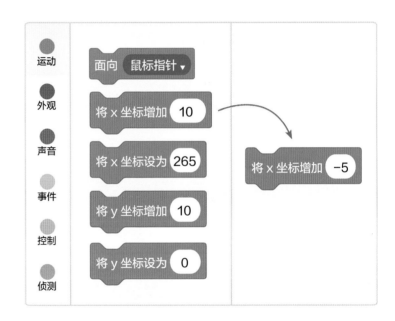

点击积木试试，海草阵能实现向左移动吗？

位置检测

海草阵要不断出现，才能表现出一关又一关的效果。因此，当海草阵持续左移并跑出舞台后，还要让它重新回到初始位置，再来一次从右到左的移动过程。

怎么知道海草阵左移跑出舞台了呢？可以请代码积木来帮忙检测海草阵的位置。

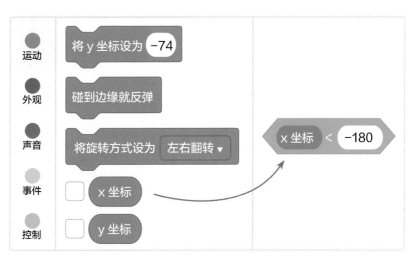

在海草阵角色编辑状态下，从"运算"类指令中，找到"……<50"积木并把它拖到脚本区。然后在"运动"类指令中，找到"x坐标"积木，把它拖到脚本区，插入"……<50"积木左侧的白框中。

在舞台上拖动海草阵查看合适的位置区间。这里，我们将积木上右侧白框中的数字改为 –180。

这样，海草阵进行新一轮移动的条件就设置好了。

位置变换

当海草阵向左移出舞台，它就要重返初始位置。

在"运动"类指令下，找到"移到 x: y:"代码积木并把它拖到脚本区，将 x 后的坐标值设为 400。

为了增加游戏的趣味性，我们希望新一轮移动时，海草阵的高低位置和前一轮不同，这样海草阵的间隙会忽上忽下，雯雯也要上下游动地去闯关。

海草阵位置的高低可以通过它的 y 坐标值来设置。我们把 y 坐标值设置为随机数，就能随机改变海草阵的高低位置了。

【编程秘诀】随机数

随机数就是随机选取的数字。有时候，我们可以清楚地确定角色的坐标值；有时候，我们希望角色出现在某个区域范围中的任意位置，这时就可以用随机数来表示角色的坐标值。

在"运算"类指令下，找到"在 1 和 10 之间取随机数"代码积木，并把它拖到脚本区。 ▽

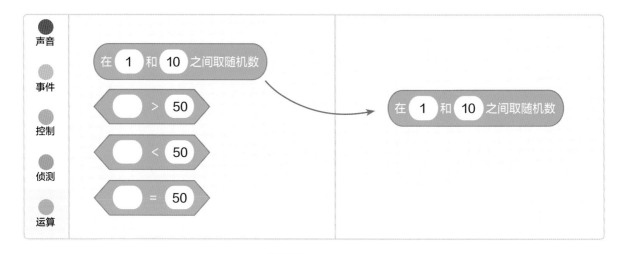

把随机数积木插入刚才"移到 x: 400 y: 0"代码积木右侧"y："后面的白框中。

随机数积木上的数字是随机数选取的范围，你可以更改它们。用鼠标上下拖动舞台上的海草阵角色，试着找到合适的位置区间，并记住对应的 y 坐标值吧。这里，我们把海草阵的 y 坐标范围设置为 -10 到 -90 之间。

现在，海草阵可以实现重复地从右向左移动，并随机变换高低位置，展现出不同形态。

控制行为

如果海草阵移出了舞台左侧（x <-180），那么就让它回到屏幕右侧（x=400）并变换一个新的形态（y 随机值）。为了让条件和结果关联起来，我们又需要"如果……那么……"代码积木来帮忙了。

▽ 在"控制"类指令的代码积木中找到"如果……那么……"代码积木，并把它拖到脚本区。

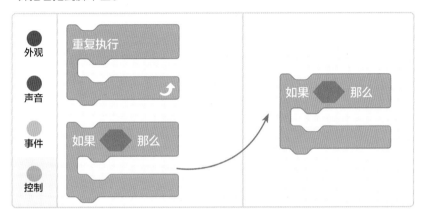

将前面组合好的两个积木组合拼插到合适位置。位置检测模块插入"如果"后的阴影位置，位置变换模块放入"那么"下的插槽里。

海草阵的关卡就都设置好了。

4 控制雯雯角色行为

轮到雯雯上场闯关了！先在角色区点击雯雯角色，切换到雯雯角色编辑状态。

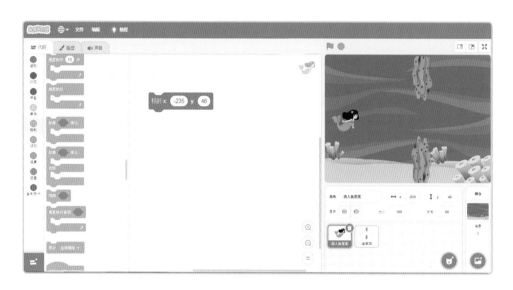

设置行为

游戏中，雯雯登场后会自动地慢慢下落。想实现这一效果，需要改变雯雯位置的 y 坐标值。

在"运动"类指令中，找到"将 y 坐标增加"积木并把它拖至脚本区，白框中的数字改为 -2。

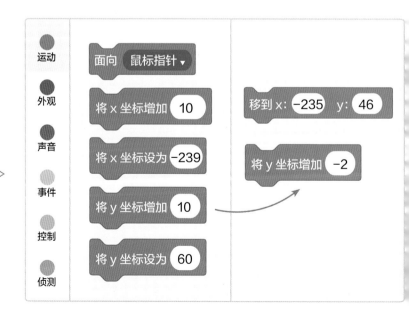

键盘检测

游戏中，要使用空格键控制雯雯行动。如果雯雯检测到按下了空格键，那么就向上游。这里要用到的是键盘检测功能。

在"侦测"类指令中，找到"按下空格键？"积木并把它拖到脚本区。

▷

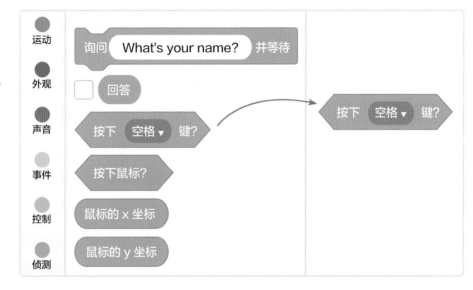

控制行为

如果按下空格键，那么就向上移动。

在"控制"类指令中，找到"如果……那么……"代码积木并把它拖到脚本区。然后将"按下空格键？"积木放入积木上"如果"后的阴影位置。

我们规定一下，每次按下空格键，雯雯都会努力向上方游 5 步。怎么控制雯雯向上方游呢？跟刚才一样，还是通过改变雯雯的 y 坐标值来实现！

在"运动"类指令中，找到"将 y 坐标增加 10"积木并把它拖到脚本区，插入"如果……那么……"积木组合中间的插槽里，白框里的数字改为 5。

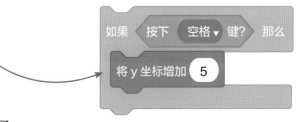

现在，可以实现用空格键控制雯雯向上移动了。

5 控制游戏进程

　　游戏要有始有终，游戏中有成功也会有失败。只有为游戏设置好失败的情况，才更能激发大家的斗志，游戏也会更加刺激有趣。

　　这个游戏中，我们规定如果雯雯触碰到毒海草，那么游戏失败。

角色碰撞检测

　　雯雯是否碰到了海草阵，要用到角色碰撞检测功能。

在雯雯角色编辑状态下，点击代码下方的"侦测"类指令按钮，找到"碰到鼠标指针？"积木并把它拖至脚本区。点击积木上的阴影位置，在弹出的下拉列表中选择"海草阵"。　▷

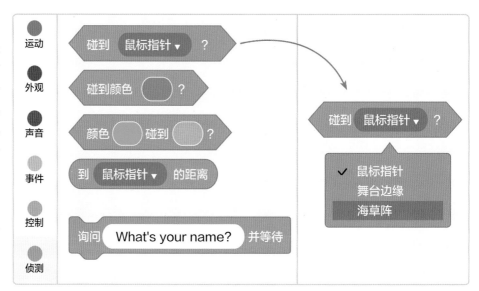

终止整个程序

　　雯雯碰到海草阵，游戏就结束了。怎么设置游戏结束呢？来学一学吧。

点击"控制"类指令按钮，找到"停止全部脚本"积木并　▷
把它拖到脚本区。

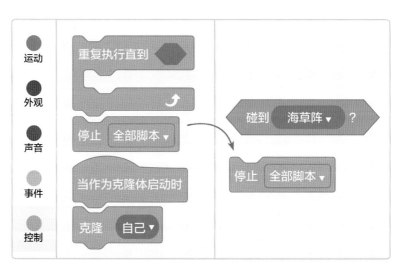

游戏是否结束当然也是需要判断的。

在"控制"类指令中，找到并拖动"如果……那么……"积木到脚本区。然后将前面的"碰到海草阵"积木和"停止全部脚本"积木分别插到"如果"后的阴影位置和"那么"下的插槽位置。

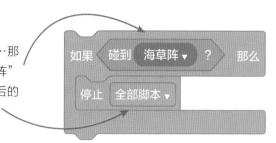

现在，小游戏的功能已经全部实现了。

程序重复执行

等等，好像还少点儿什么。对了！千万别忘了我们的老朋友——"重复执行"代码积木哟！

为了使角色能够"持续不断"地行动并响应按键检测、位置检测、角色碰撞检测等情况，我们需要添加"重复执行"代码积木。

在"控制"类指令中找到"重复执行"代码积木，把它拖到脚本区。接下来，认真思考一下，哪些积木要放到"重复执行"积木的插槽里面，哪些又该拼接到它的外面呢？

🌟 运行与优化

我们来整理一下本次任务的程序代码吧！

为了让程序能够运行起来，我们还要将"事件"类指令中的 [当▌被点击] 拖到两个角色代码的最上端。

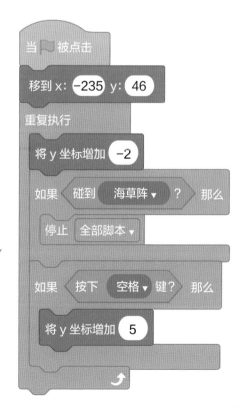

1. 雯雯角色代码

雯雯角色代码模块最终如图所示。

2. 海草阵角色代码

海草阵角色代码模块最终如图所示。

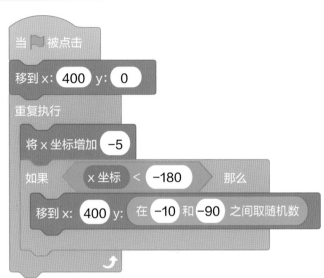

你是不是已经迫不及待想运行一下自己的程序了?

点击舞台上方的 🏳 按钮,就可以让程序运行起来了。使用空格键控制雯雯的位置,帮助雯雯顺利闯过海草阵吧!

即使你的游戏没有运行成功,也不要气馁,按照步骤再检查一下代码吧。

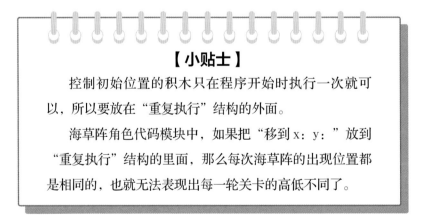

【小贴士】

控制初始位置的积木只在程序开始时执行一次就可以,所以要放在"重复执行"结构的外面。

海草阵角色代码模块中,如果把"移到 x: y:"放到"重复执行"结构的里面,那么每次海草阵的出现位置都是相同的,也就无法表现出每一轮关卡的高低不同了。

🐾 思维导图大盘点

让我们用思维导图整理一下，看看这个编程任务是怎么完成的。

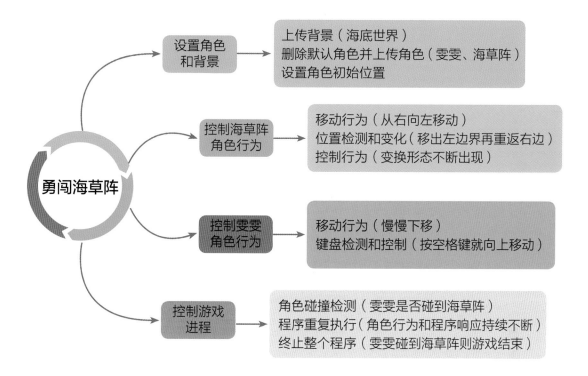

设置角色和背景 →
上传背景（海底世界）
删除默认角色并上传角色（雯雯、海草阵）
设置角色初始位置

控制海草阵角色行为 →
移动行为（从右向左移动）
位置检测和变化（移出左边界再重返右边）
控制行为（变换形态不断出现）

勇闯海草阵

控制雯雯角色行为 →
移动行为（慢慢下移）
键盘检测和控制（按空格键就向上移动）

控制游戏进程 →
角色碰撞检测（雯雯是否碰到海草阵）
程序重复执行（角色行为和程序响应持续不断）
终止整个程序（雯雯碰到海草阵则游戏结束）

🐾 挑战新任务

恭喜你！顺利完成了帮雯雯穿越海草阵的小游戏。

你想不想再给这个小游戏做一些升级呢？

比如，当雯雯碰到海草阵后弹出对话"游戏结束"，同时增加一个闪烁的效果。

根据所学知识，请继续完善勇闯海草阵这个小游戏，并为它添加更加漂亮的舞台效果吧！

钓星星

解锁新技能

🔓 鼠标控制角色

🔓 颜色碰撞检测

🔓 控制角色状态

🔓 设置计分功能

"又一颗！太好玩啦！"

"我都这么多啦！哈哈哈……"

谁呀？这么热闹！雯雯顺着声音游了过去。

一艘巨大的沉船出现在雯雯眼前，小精灵们坐在船上拿着钓竿正在比赛钓星星呢！闪闪亮亮的小星星在海底上下跳动，还时不时调皮地眨眨小眼睛。这场景真是美极了！

小精灵们看到雯雯，热情地邀请她加入："快来和我们一起钓星星吧！看谁钓得多。"

雯雯开心地游过去，忍不住跃跃欲试！

在海底钓星星，这真是太有意思啦！

👑 领取任务

小朋友，让我们借助 Scratch，通过观察和思考，编写一个钓星星的小游戏，让大家比一比谁是钓星星的小能手吧！

我们的任务是：程序启动，屏幕出现带钓饵的钓线和游动的小星星。滑动鼠标控制钓线上下移动，当钓饵碰到小星星时，小星星说"哎哟！"然后消失，呈现被"钓上来"的效果。每钓到一颗小星星，加 1 分。

想完成任务，我们要做什么呢？

首先，切换角色为钓线和星星并调整好大小及初始位置，将背景设置为海底场景。

其次，实现用鼠标控制钓线的行为，让钓线在舞台上随鼠标上下移动。

再次，克隆星星角色，并控制克隆体行为和状态，让星星不断出现并且在舞台上来回游动，如果碰到钓饵就消失。

最后，建立、设置和控制变量，为游戏增加计分功能。

准备好了吗？让我们开始 Scratch 编程之旅，一起搭建神奇的代码模块，去比赛钓星星喽！

👑 一步一步学编程

1 设置角色和背景

本次程序中要表现的是海中钓星星，角色是钓线和星星，背景是海底世界。

采用从本地上传的方式，打开已经下载到电脑中的"案例 7"文件夹，从"3-7 案例素材"文件夹中找到并使用"钓线""星星"和"海底世界"图片，把角色切换为钓线和星星，把背景切换为海底世界。

然后把角色都调整为合适的大小，使之在舞台上呈现最佳效果。

2 控制钓线角色行为
鼠标控制角色

要完成钓星星的任务，我们需要用鼠标控制钓线上下移动。可以设置钓线的 y 坐标值与鼠标的 y 坐标值是相同的。

点击角色列表中的钓线，切换到角色编辑状态，点击屏幕左上角"代码"选项卡。

▷

点击屏幕最左侧蓝色的"运动"类指令按钮，找到"将 y 坐标设为"代码积木，把它拖到脚本区。 ▷

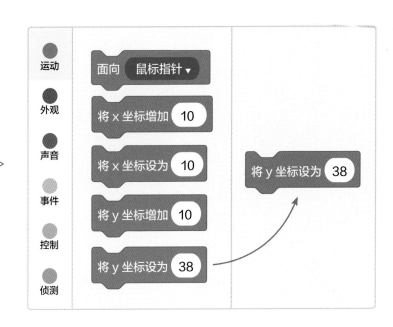

在"侦测"类指令中找到"鼠标的 y 坐标"代码积木，将其放到脚本区"将 y 坐标设为"代码积木的白框中。 ▷

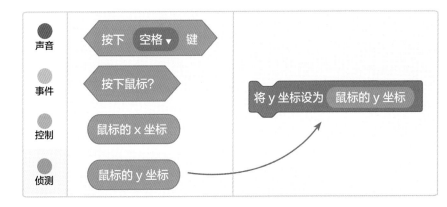

设置运动范围

显然，钓线是不能移出舞台的，因此需要限定只有在鼠标的 y 坐标满足一定条件时，钓线才跟随鼠标移动。这就需要先对鼠标的 y 坐标位置进行判断。

在舞台中拖动钓线，测试钓线在舞台上的运动范围，并记住对应的 y 坐标值。可以发现 y 坐标的范围在 -130 ~ 200 时，钓线不会移出舞台。

那我们就可以限定鼠标的 y 坐标值在 -130 ~ 200 时，钓线可以跟随鼠标移动。

【小贴士】

这里要注意，舞台的 y 坐标范围是 −180 ~ 180，但钓线的坐标值是由钓线中间位置的坐标决定的。当钓饵处于舞台最上方时，中间位置移出了屏幕，因此此时的 y 坐标值大于 180。

如何将数值设定在 −130 ~ 200 这个范围呢？
这里要用到比较运算符的知识。

 【编程秘诀】比较运算符

比较运算符是能够比较两边数字或者表达式大小关系的运算符，即大于、小于、等于。比较运算符可以在"运算"类积木中找到。

−130 ~ 200，其实就是大于 −130 并且小于 200。

在"运算"类指令中，找到并拖动积木"……>50"和"……<50"到脚本区。

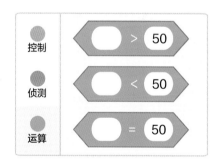

然后在"侦测"类指令中找到"鼠标的 y 坐标"代码积木，放到两个比较运算符积木的左侧，更改积木右侧的数字为我们刚刚确定的坐标范围。

我们需要的 y 坐标值范围必须既大于 −130，又小于 200，也就是两个条件都要成立才行。这里还要用到逻辑运算符的知识。

【编程秘诀】逻辑运算符

逻辑运算符包括"与""或""非"三种运算符。与：当两个表达式都为真时，结果为真，否则为假。或：只要有一个表达式为真，则结果为真。非：当表达式结果为假时，则结果为真。逻辑运算符可以在"运算"类积木中找到。

在"运算"类指令下，拖动"……与……"逻辑运算积木到脚本区，在左右两侧的阴影位置插入之前组合好的两个条件模块。鼠标的 y 坐标值范围就设定完成了。▽

鼠标的 y 坐标 > -130 与 鼠标的 y 坐标 < 200

判断运动条件

如果鼠标在规定范围内，那么钓线的 y 坐标值就是鼠标的 y 坐标值。

▷

让我们请出判断积木 "如果……那么……"来帮忙吧。在"控制"类指令的代码积木中找到它并把它拖到脚本区。

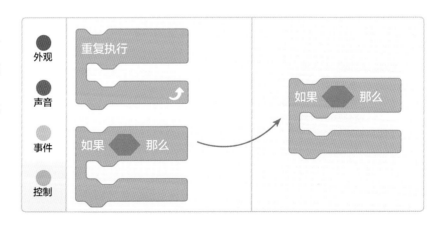

在"如果"后面的阴影位置插入"条件",
也就是鼠标的 y 坐标范围模块。

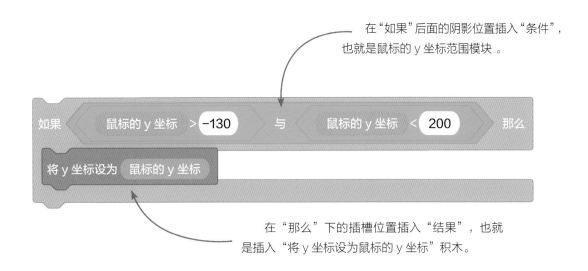

在"那么"下的插槽位置插入"结果",也就
是插入"将 y 坐标设为鼠标的 y 坐标"积木。

我们已经实现了对钓线行为的控制。想想看,这里还少些什么?

从游戏的开始到结束,钓线要持续跟随鼠标移动,所以千万别忘了"重复执行"积木哟!

在"控制"类指令中找到"重复执行"
代码积木并把它拖到脚本区,把刚才搭好的
组合模块包住。

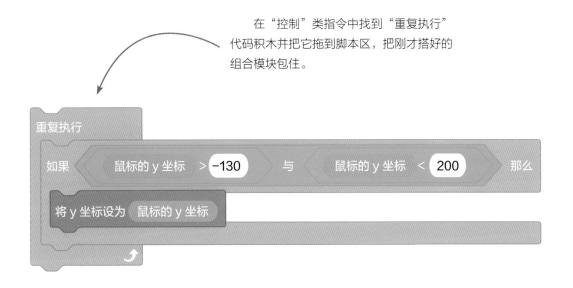

3 控制星星角色行为

克隆星星角色

根据剧情需要,美丽的星星们会随机出现在舞台上,需要用到克隆功能。还记得如何操作吗?

点击角色区的星星角色,切换为角色编辑状态,点击屏幕左上角"代码"选项卡。

点击代码区的"控制"类指令按钮,找到并拖动一个"克隆自己"代码积木到脚本区。

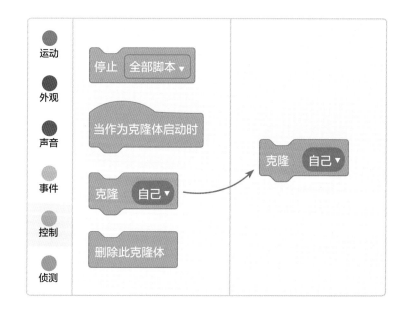

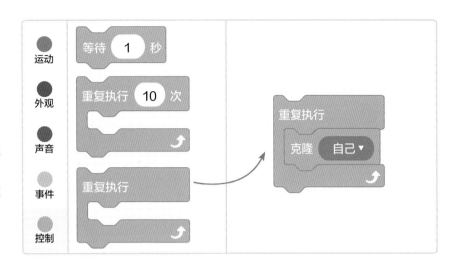

在"控制"类指令中找到"重复执行"代码积木，并把它拖到积木区，然后在它的插槽中拖入"克隆自己"代码积木。

为了控制星星的克隆速度，拖动"控制"类指令中的"等待1秒"代码积木到脚本区，将白框中的数字改为2。

控制星星克隆体行为

由于舞台中出现的所有星星几乎都是我们克隆出来的，所以控制星星的行为主要是控制克隆体的行为。

（1）触发克隆体指令。

在"控制"类指令中找到"当作为
克隆体启动时"代码积木，把它拖到脚
本区。

有了它，克隆体才能启动，
我们才能对克隆体发号施令。

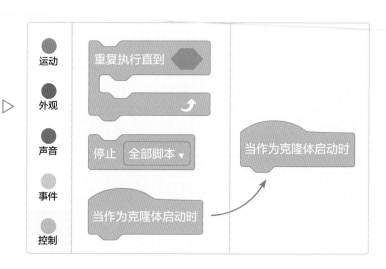

（2）设置克隆体位置。

为了增加游戏的趣味性，我
们规定星星随机出现在海底的任
意位置。

在"运动"类指令中找到"移到随
机位置"代码积木，把它拖到脚本区，
拼接到克隆体启动积木下方。

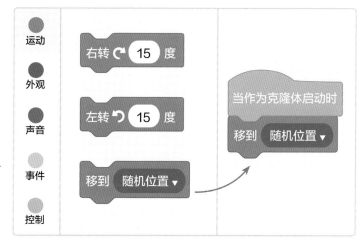

（3）设置克隆体移动。

为了让游戏画面更活泼更有
趣，我们可以设计星星出现后，
就在海中来来回回地游动。

拖动"运动"类指令中的"移动
10 步"代码积木到脚本区。将白框中
的数字改为 3，控制一下星星的速度。
这样，点击一次积木，星星游动 3 步；
再次点击积木，星星再游动 3 步。

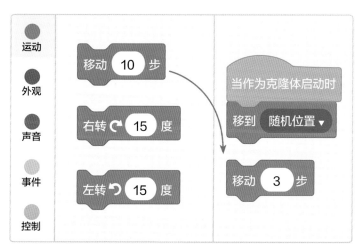

现在，星星已经能够动起来了，但是如何让星星在海里来回游动呢？还记得之前学过的内容吗？我们只需要添加一个碰到边缘后反弹的效果就可以了。同时，为了避免星星"头朝下"，别忘了添加"将旋转方式设为左右翻转"代码积木哟！

在"运动"类指令中找到"碰到边缘就反弹"代码积木和"将旋转方式设为左右翻转"
▽ 代码积木，将它们拖到脚本区，拼接到"移动 3 步"代码积木的下方。

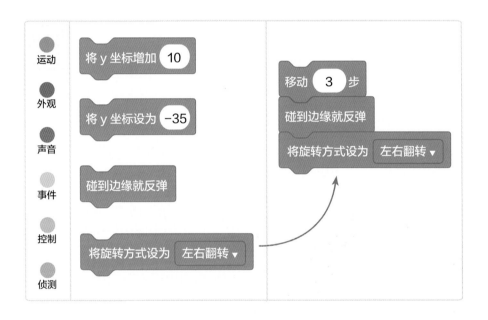

控制星星克隆体状态

当星星被钓线钓到的时候，将说"哎哟！"然后自动消失，呈现被"钓走了"的效果。想一想怎么检测星星被钓线钓到了呢？

你也许会说，我们可以用前面学到的角色碰撞检测功能啊！

听起来确实很有道理，但是请你想一想，钓线角色其实包括线和钓饵，如果星星碰到线也被钓走，那就太奇怪了。

我们需要设定的是星星碰到钓饵才消失，因此这里要使用的应该是颜色碰撞检测功能，把碰到钓饵的颜色作为检测星星是否被钓到的前提条件。

（1）颜色碰撞检测。

在星星角色编辑状态下，点击"侦测"类指令按钮，在旁边的代码积木中找到"碰到颜色……？"，并把它拖到脚本区。

▷

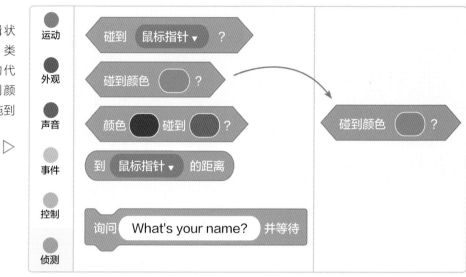

接下来设置颜色碰撞检测的颜色值。点击积木上的色块，弹出颜色面板。为了快速得到想要的颜色，可以点击面板最下面的拾色器，鼠标移至右侧舞台区，拾取钓饵的颜色。

（2）删除克隆体。

星星碰到钓饵的颜色就消失。

在"控制"类指令中找到
"删除此克隆体"代码积木并
把它拖到脚本区。

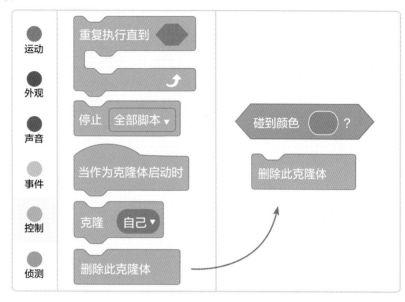

（3）控制克隆体的消失。

再用"如果……那么……"积木关联条件和结果，判断星星是否被钓走。

在"控制"类指令中找到并拖动"如果……那么……"代码积
木到脚本区。把前面用到的颜色碰撞检测积木和删除克隆体积木分
别放到合适的位置。

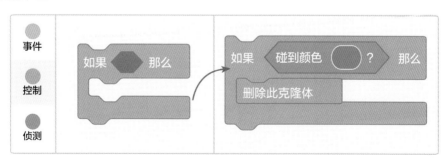

　　我们已经实现了让星星在海里来回游动并碰到钓饵就消失。为了把钓星星表现得更生动一些，
我们再增加一个"说话"的效果。当星星被钓线钓到的时候，弹出对话框"哎哟！"并停留显示0.5
秒，之后再消失。

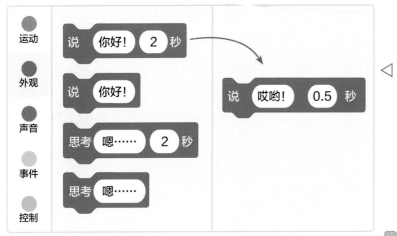

点击"外观"类指令按钮，找到"说你好！2秒"代码积木并把它拖到脚本区。将白框中的文字和数字更改为我们需要的"哎哟！"和"0.5"。

碰到钓饵的小星星在消失前都要"说话"，我们把说话积木放到"删除此克隆体"积木的上方。

星星克隆体出现后，行为和状态会始终贯穿整个游戏进程。找到"控制"类指令中的"重复执行"积木将克隆体的移动和消失代码组合包裹起来。

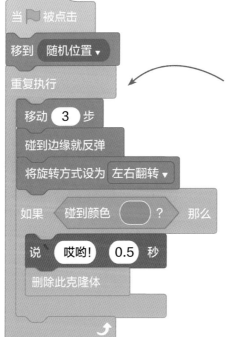

星星克隆体的代码积木模块就完成了。下面，让我们点击一下星星角色代码积木模块，试试效果吧。

果然，有一颗星星一直没有动！回想一下，在设计"大鱼吃小鱼"的程序时是不是也出现过类似的状况？

这是因为我们只给星星角色下达了每隔 2 秒就克隆自己的指令，其他控制指令都加到了星星克隆体上。因此，一直不动的星星就是被我们"遗忘"的星星角色。

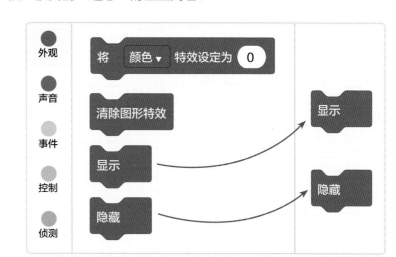

找到"外观"类指令中的"显示"和"隐藏"积木，把它们拖到脚本区。

将"隐藏"积木放到星星角色代码模块"重复执行"积木的上方。

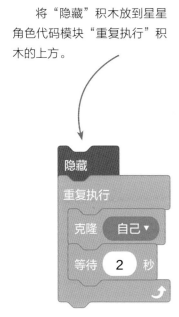

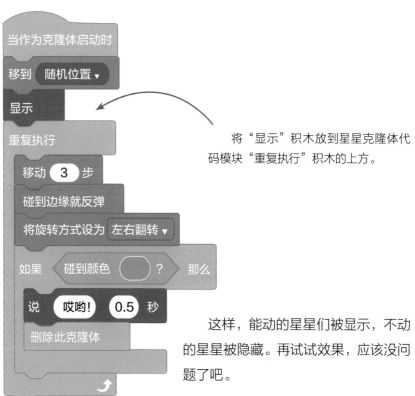

将"显示"积木放到星星克隆体代码模块"重复执行"积木的上方。

这样，能动的星星们被显示，不动的星星被隐藏。再试试效果，应该没问题了吧。

4 设置计分功能

钓星星的游戏可以实现了，可是想比一比谁钓得多，就需要有一个计分的功能！这个怎么设置呢？

这里要用到"变量"类指令啦。来跟着学一学吧。

【编程秘诀】变量

变量，顾名思义就是可以发生改变的量。在编写程序的过程中，常常需要控制角色某个属性值的变化，这时可以通过建立一个新的变量来实现。

建立变量

在星星角色编辑状态下，点击"变量"类指令按钮。

可是，旁边的代码积木中，并没有我们需要的可以用来计分的"分数"积木。没关系，我们自己创建一个！

在代码积木中，找到"建立一个变量"按钮，并点击它。

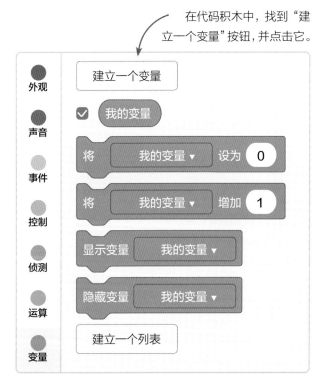

在弹出的"新建变量"对话框中，输入新变量名"分数"，然后点击"确定"按钮。

可以看到，代码积木区中多了一个刚刚新建的变量积木——"分数"。这样我们就完成新变量"分数"的创建了。

设置变量

用"分数"来帮我们计分吧。首先要设定：程序启动时初始分数为0。

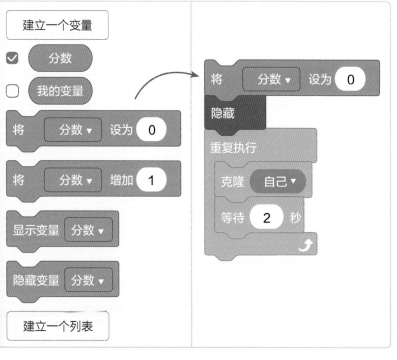

在"变量"类指令下找到"将分数设为0"代码积木，将其拖到星星角色代码积木组合模块的最上方。

控制变量

然后规定：每钓到一颗星星，就加1分。

找到"变量"类指令中的"将分数增加1"代码积木，把它拖到脚本区，放到星星克隆体模块说话积木的上方。

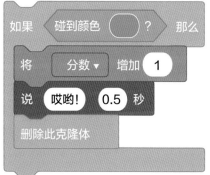

这样，游戏的计分功能就能实现了。

👑 运行与优化

我们来整理一下本次任务的程序代码吧！

为了让程序能够运行起来，我们还要将"事件"类指令中的 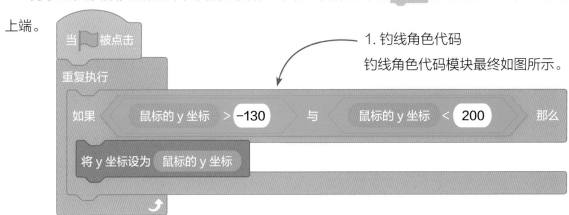 拖到两个角色代码的最上端。

1. 钓线角色代码

钓线角色代码模块最终如图所示。

```
当🏳被点击
重复执行
  如果 鼠标的y坐标 > -130 与 鼠标的y坐标 < 200 那么
    将y坐标设为 鼠标的y坐标
```

2. 星星角色代码

星星角色代码模块最终如图所示。

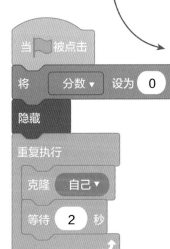

```
当🏳被点击
将 分数▼ 设为 0
隐藏
重复执行
  克隆 自己▼
  等待 2 秒
```

```
当作为克隆体启动时
移到 随机位置▼
显示
重复执行
  移动 3 步
  碰到边缘就反弹
  将旋转方式设为 左右翻转▼
  如果 碰到颜色 ? 那么
    将 分数▼ 增加 1
    说 哎哟! 0.5 秒
  删除此克隆体
```

你是不是已经迫不及待想运行一下自己的程序了？

点击舞台上方的🏳按钮，就可以让程序运行起来了。用鼠标控制钓线上下移动，来进行钓星星比赛吧！

即使你的游戏没有运行成功，也不要气馁，按照步骤再检查一下代码吧。

【小贴士】
一定要将"将分数设为0"积木放在角色星星的积木组合模块中，如果不小心放在了克隆体星星的代码积木中，则无法正确统计游戏分数哟！

116

👑 思维导图大盘点

让我们用思维导图整理一下，看看这个编程任务是怎么完成的。

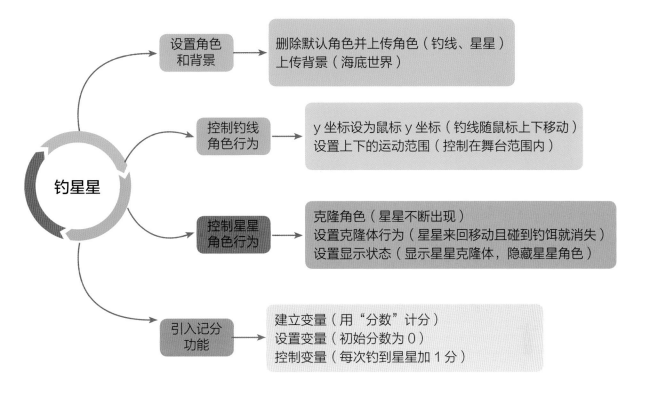

设置角色和背景 → 删除默认角色并上传角色（钓线、星星）
上传背景（海底世界）

控制钓线角色行为 → y 坐标设为鼠标 y 坐标（钓线随鼠标上下移动）
设置上下的运动范围（控制在舞台范围内）

控制星星角色行为 → 克隆角色（星星不断出现）
设置克隆体行为（星星来回移动且碰到钓饵就消失）
设置显示状态（显示星星克隆体，隐藏星星角色）

钓星星

引入记分功能 → 建立变量（用"分数"计分）
设置变量（初始分数为 0）
控制变量（每次钓到星星加 1 分）

👑 挑战新任务

通过本次学习，你已经可以编写一个完整的小游戏了，快为自己点个赞吧！

不过，细心的你有没有发现，我们的小游戏好像没有尽头，永远都不会结束呢！

根据所学，请你使用变量的知识控制小游戏的进程，设置当分数达到 20 时，游戏结束。快动手试一试吧！

泡泡大作战

解锁新技能

- 🔓 制作新角色
- 🔓 舞台边缘碰撞检测
- 🔓 设置计时功能
- 🔓 添加广播

友谊第一，比赛第二。经过钓星星比赛，雯雯又交到了新朋友！

雯雯的心情好极了，在海里转个圈，觉得自己身上好像闪着亮光一样！

忽然，她看到前面有许许多多的泡泡在飞舞，好漂亮啊！

"5个、6个、7个……"一只淘气的小刺豚正在戳泡泡玩呢！

雯雯心想：这个游戏真好玩，小刺豚能戳破多少个泡泡呢？

领取任务

小朋友，让我们借助 Scratch，通过观察和思考，编写一个帮小刺豚戳泡泡的小游戏吧！

我们的任务是：程序启动，小刺豚出现在屏幕底部中间位置，舞台上方不断落下泡泡。按电脑键盘上的"←""→"键控制小刺豚向左、向右移动去接泡泡。每接住一个泡泡，计数器加 1 分。游戏计时 60 秒，到时间自动结束。游戏结束时屏幕上显示"OVER"。

想完成任务，我们要做什么呢？

首先，除了切换好海底背景以及泡泡和小刺豚的角色，还要自己制作出新角色"OVER"。

其次，用代码积木组合模块，控制角色行为，使小刺豚能响应键盘左右键的操作。

再次，使用克隆的相关操作，让泡泡不断出现、下落，并且碰到小刺豚或舞台边缘就消失。

最后，为游戏添加计分、计时的功能，并且用广播传递消息让"OVER"在游戏结束时显示。

准备好了吗？让我们开始 Scratch 编程之旅，一起搭建神奇的代码模块，来一场泡泡大作战吧！

一步一步学编程

1 设置角色和背景

切换背景、角色

我们要表现的是海中小刺豚戳泡泡的情景。先来设置好海底世界的背景，以及小刺豚和泡泡的角色。

先用从素材库选择的方式，在背景库的"水下"类背景和角色库的"动物"类角色中找到并使用"Underwater1"和"Pufferfish"，切换海底背景和小刺豚角色。

再用从本地上传的方式，打开已经下载到电脑中的"案例 8"文件夹，从"3-8 案例素材"文件夹中找到并使用"泡泡"图片，添加泡泡角色。

把角色都调整为合适的大小，使之在舞台上呈现最佳效果。

制作新角色

为了让游戏看起来更酷，我们可以设置游戏结束时，画面弹出"OVER"的字样。快来学一学怎么实现吧。

用"选择一个角色"的方式，在角色库的"字母"类角色中分别找到"O""V""E""R"并将它们都添加为角色。

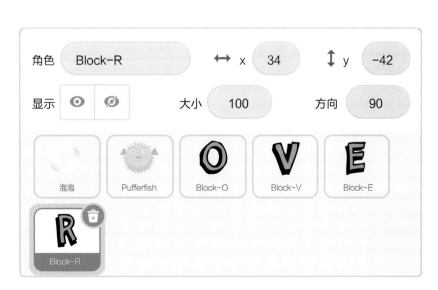

单个字母角色可不行，我们要将字母放到一起，组成单词"OVER"，作为一个角色出现。

▷

在角色区，先点击角色"O"，进入角色编辑状态，再点击屏幕左上角的"造型"选项卡。

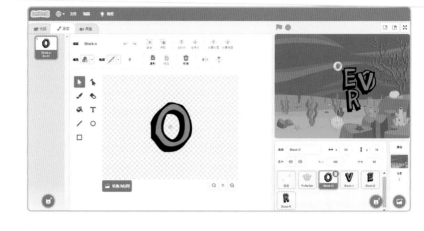

▷

参考舞台区显示，将"O"的造型调整至合适的大小。为了给其他字母留出空间，我们点击造型编辑区右下方的缩放按钮，将角色进行缩放，并调整好位置。

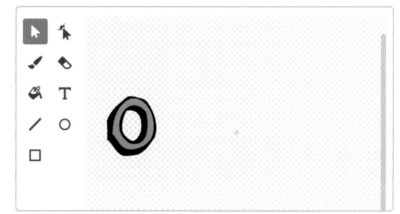

▷

在角色区，选中角色"V"，点击屏幕左上方的"造型"选项卡，同样切换至造型编辑状态。点击"选择"工具，在造型编辑区框选"V"，然后点击"复制"图标。

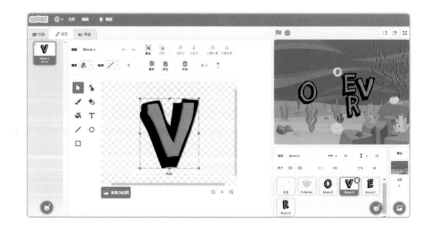

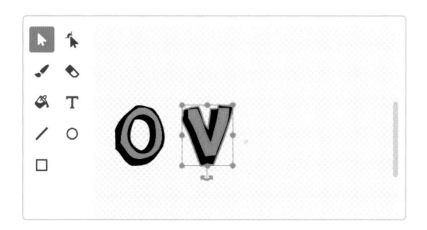

在角色区，再次选中角色"O"，点击屏幕左上方的"造型"选项卡，将界面重新切换至"O"的造型编辑状态。在造型编辑界面点击"粘贴"图标，刚刚复制的"V"就粘贴到当前的造型编辑区了。使用鼠标拖动"V"至合适的大小和位置。

同样，将字母"E"和"R"分别复制、粘贴至角色"O"的造型编辑区，并调整好四个字母的大小和位置。

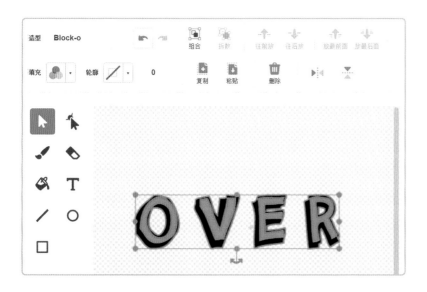

为了使用起来更方便，我们让四个字母组合在一起。使用"选择"工具，框选四个字母，在造型编辑区上方找到并点击"组合"工具，字母们就组合好啦。

最后，在角色区，将角色名改为"OVER"，再删除其他多余的字母角色。我们就自己制作好了一个新角色！ ▷

2 控制小刺豚角色行为

设置初始位置

我们先设置一下小刺豚的出场位置。还记得使用坐标设置角色位置的方法吗？快来跟着一起回忆一下吧！

▷

点击角色区的小刺豚，进入角色编辑状态，再点击屏幕左上角"代码"选项卡。

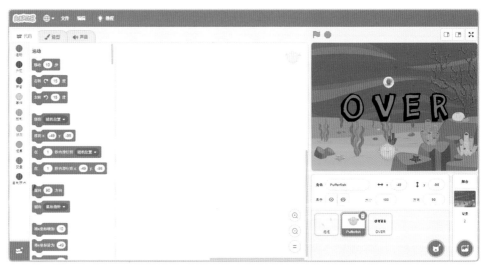

在舞台区，用鼠标拖动小刺豚，让它出现在舞台底部的中间位置。

在"运动"类指令中找到"移到 x：y："代码积木并把它拖到脚本区。白框中的数字为当前小刺豚角色的坐标值，每点击一次这个积木，角色都会回到当前位置。

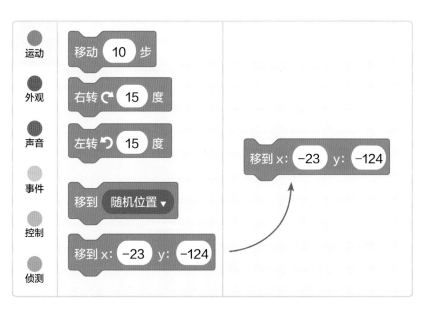

键盘控制角色

再让小刺豚能随着我们的按键左右移动吧。

游戏中，如果小刺豚检测到我们按下了"←"键，那么就向左移动；相反，如果检测到按下了"→"键，就向右移动。又要用到键盘检测功能和条件判断语句啦。

在"侦测"类指令中找到"按下空格键？"代码积木并把它拖到脚本区。

点击积木上的阴影部分，弹出下拉列表，选择"→"。

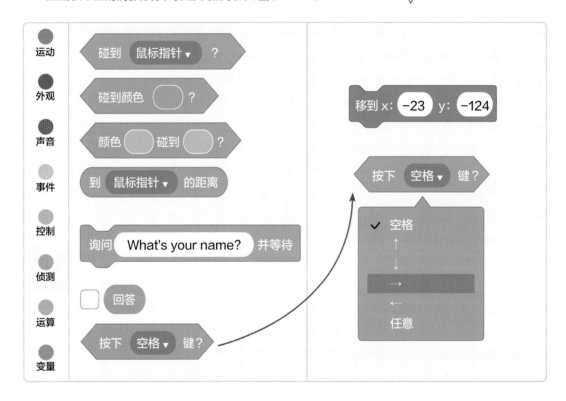

在"控制"类指令中找到"如果……那么……"代码积木并把它拖到脚本区。将刚才的"按下→键?"积木插到"如果"后面的阴影位置。

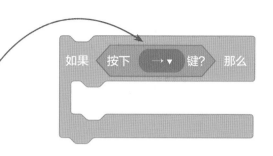

我们规定一下，每次按下"→"键，小刺豚都会向右移动 3 步。想一想有哪些方法可以实现小刺豚向右移动 3 步呢？

在这里，我们先选用改变 x 坐标值的方法。

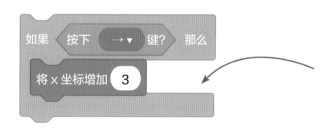

在"运动"类指令中找到"将 x 坐标增加"积木，把它拖到脚本区，并插到"如果……那么……"积木中间的插槽里，将白框中的数字改为 3。按下"→"键，小刺豚就向右移动 3 步，这个积木组合模块就搭建好了。

用同样的方法，自己动手搭建出按下"←"键，小刺豚就向左移动 3 步的积木组合模块。一个一个查找添加积木有点儿麻烦，你也可以用复制组合模块的方法。

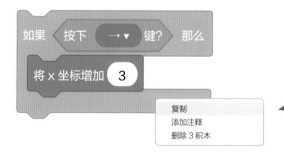

鼠标右键点击已搭建好的模块，在弹出来的下拉列表中选择"复制"，我们又得到一个同样的积木组合模块。只要把按键修改成"←"，坐标值改为"-3"，就可以啦。这样做是不是更快捷呢？

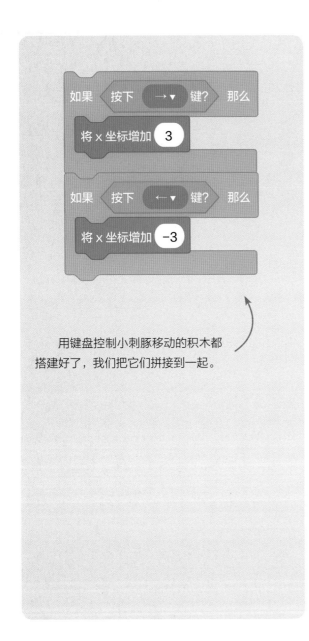

用键盘控制小刺豚移动的积木都搭建好了，我们把它们拼接到一起。

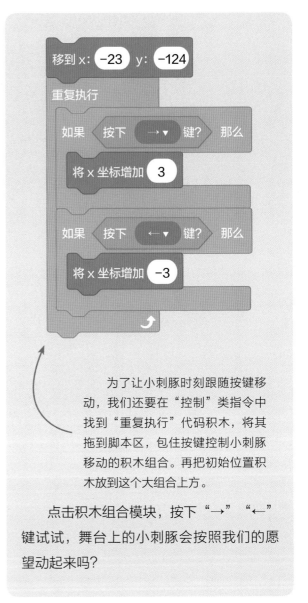

为了让小刺豚时刻跟随按键移动，我们还要在"控制"类指令中找到"重复执行"代码积木，将其拖到脚本区，包住按键控制小刺豚移动的积木组合。再把初始位置积木放到这个大组合上方。

点击积木组合模块，按下"→""←"键试试，舞台上的小刺豚会按照我们的愿望动起来吗？

3 控制泡泡角色行为

克隆角色

根据游戏需要，泡泡要不断地出现在舞台上，这里又需要用到克隆功能和重复执行功能啦。

点击角色区的泡泡，进入角色编辑
状态，点击屏幕左上角"代码"选项卡。

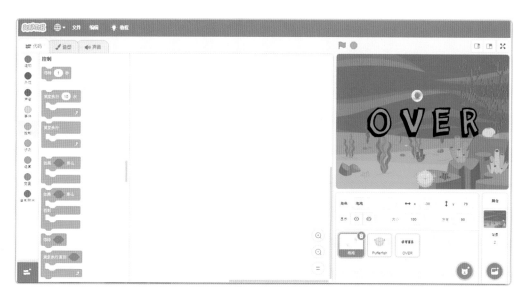

点击屏幕最左侧的"控制"类指令
按钮，从旁边找到并拖动一个"克隆自
己"代码积木到脚本区。

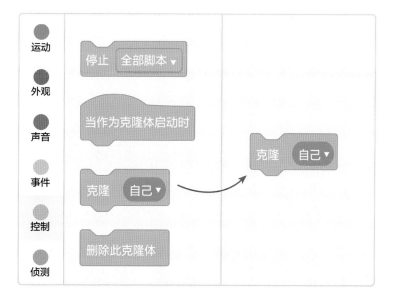

在"控制"类指令中找
到"重复执行"代码积木拖
到脚本区，包住"克隆自己"
积木。

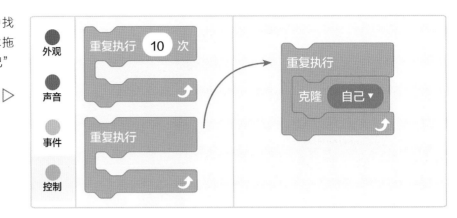

为了控制泡泡的克隆速度，拖动"控制"类指令中
的"等待1秒"代码积木到脚本区，放到"克隆自己"
代码积木下方，将白框中的数字改为2。这样，每过2秒，
就会克隆出一个新的泡泡啦。

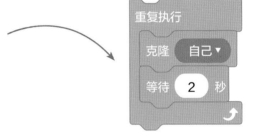

控制克隆体行为

舞台中出现的所有泡泡几乎都是克隆出来的，控制泡泡的行为主要是控制克隆体的行为。
接下来，我们再复习一下怎么为克隆体添加积木来控制克隆体行为。

（1）触发克隆体指令。

在屏幕左侧的"控制"类指
令中，找到"当作为克隆体启动时"
代码积木并把它拖到脚本区。

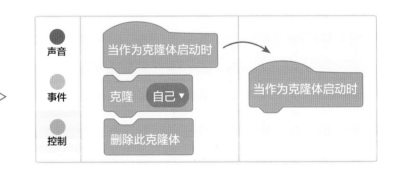

（2）设置克隆体位置。

先用坐标值设置泡泡的出现位置：泡泡要从舞台顶部出现。

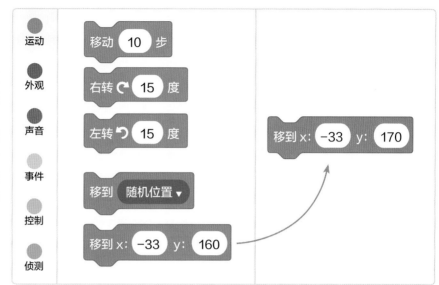

在"运动"类指令中找到"移到 x：y："代码积木，把它拖到脚本区。

在舞台上拖动泡泡到顶部合适位置，注意不要碰到上方舞台边缘，记录下此时泡泡的 y 坐标值。将积木上的 y 坐标值改为记录的 170。

泡泡要随机出现在舞台顶部的任意位置，所以泡泡的 x 坐标值是舞台范围内的随机值。

点击"运算"类指令按钮，找到"在 1 和 10 之间取随机数"代码积木并把它拖到脚本区，插入"移到 x：y："代码积木中 x 后面的白框位置。

随机数的范围应该设为舞台左侧到右侧的 x 坐标值的范围，同样不要碰到舞台边缘。可以在舞台上左右拖动泡泡找找合适的范围。这里将泡泡出现的 x 坐标值范围设置为 -230 ～ 200。

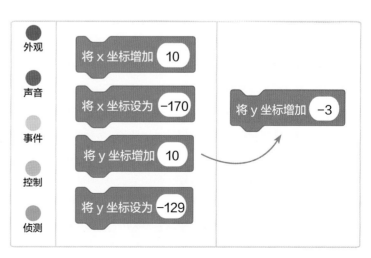

（3）添加移动指令。

泡泡出现后要不断慢慢下落，这个怎么设置呢？

拖动"运动"类指令中的"将 y 坐标增加 10"代码积木到脚本区，将白框中的数字改为 -3。

点击积木试试，是不是每点击一次，泡泡就下落 3 步呢？

131

现在，泡泡可以实现下落了，但是怎么让泡泡持续下落呢？当然要使用"重复执行"代码积木了。

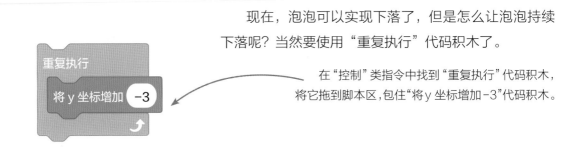

在"控制"类指令中找到"重复执行"代码积木，将它拖到脚本区，包住"将 y 坐标增加 -3"代码积木。

控制克隆体状态

游戏中，如果小刺豚"戳破"了泡泡，那么它将成功获得 1 分，然后泡泡消失；如果小刺豚没有接住下落的泡泡，使泡泡落到了海底，那么泡泡直接消失不计分。

我们需要先设置好条件，检测泡泡是被小刺豚戳破了（泡泡碰到小刺豚），还是落到海底（泡泡碰到舞台边缘）。怎么检测呢？聪明的你一定想到办法了吧。就是要用到前面学过的角色碰撞检测的功能！

（1）小刺豚角色碰撞检测。

点击"侦测"类指令按钮，找到"碰到鼠标指针？"代码积木，把它拖至脚本区，在下拉列表中选择"Pufferfish"选项。

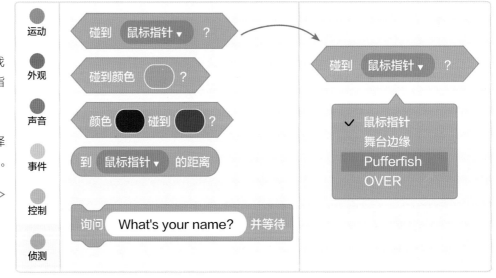

在"控制"类指令中找到"如果……那么……"代码积木，把它拖到脚本区，并将刚刚组合好的"碰到Pufferfish？"代码积木插到积木上"如果"后面的阴影位置。

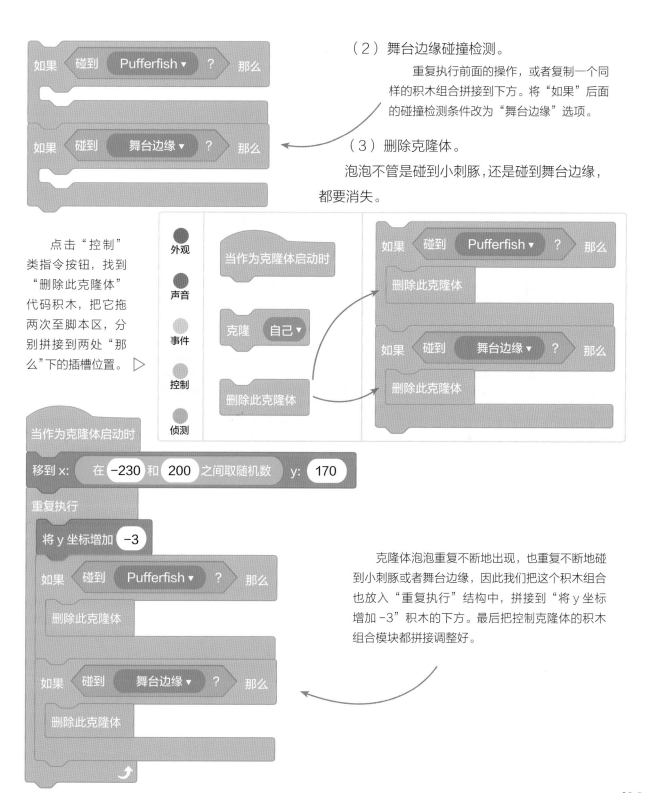

（2）舞台边缘碰撞检测。

重复执行前面的操作，或者复制一个同样的积木组合拼接到下方。将"如果"后面的碰撞检测条件改为"舞台边缘"选项。

（3）删除克隆体。

泡泡不管是碰到小刺豚，还是碰到舞台边缘，都要消失。

点击"控制"类指令按钮，找到"删除此克隆体"代码积木，把它拖两次至脚本区，分别拼接到两处"那么"下的插槽位置。

克隆体泡泡重复不断地出现，也重复不断地碰到小刺豚或舞台边缘，因此我们把这个积木组合也放入"重复执行"结构中，拼接到"将 y 坐标增加 -3"积木的下方。最后把控制克隆体的积木组合模块都拼接调整好。

（4）控制克隆体"显示"与"隐藏"。

现在，脚本区里有两组积木模块，一组是泡泡角色重复克隆自己的积木组合模块，一组是刚刚完成的控制泡泡克隆体行为的积木组合模块。点击泡泡角色模块查看舞台效果，不出所料，有一个泡泡没有任何变化。

还记得为什么会出现这种状况吗？我们将全部运动指令都加到了克隆体的代码中，除了克隆，并没有为最原始的泡泡角色添加其他指令。用与之前同样的方法，把这个不动的泡泡角色隐藏起来，让可以动的泡泡克隆体显示就可以了。

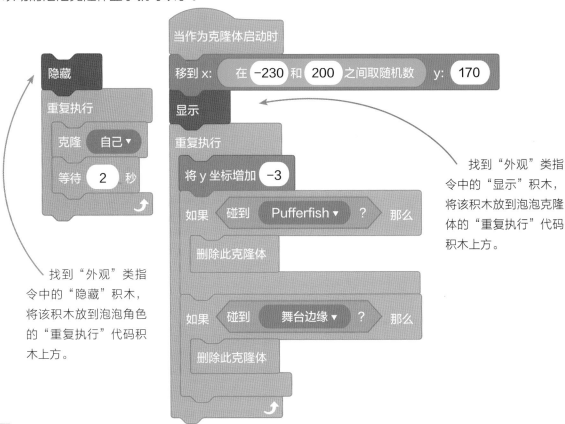

找到"外观"类指令中的"隐藏"积木，将该积木放到泡泡角色的"重复执行"代码积木上方。

找到"外观"类指令中的"显示"积木，将该积木放到泡泡克隆体的"重复执行"代码积木上方。

4 增设游戏功能

设置计分功能

我们已经成功编写好一个小刺豚戳泡泡的小游戏了，你可以邀请你的好朋友来比赛，看谁"戳破"的泡泡多！不过，一个一个自己数就太麻烦了，为了使小游戏可以自动记录分数，我们来设置一个计分功能吧。小刺豚每碰到一个泡泡，就加 1 分，这样查看比赛的结果就很方便啦。

（1）建立变量。

前面我们已经学习过变量的概念，也知道可以通过建立一个变量来实现计分的功能。来复习一下吧！

在泡泡角色代码编辑状态下，点击屏幕左侧的"变量"类指令按钮，在旁边的代码积木区找到并点击"建立一个变量"按钮。

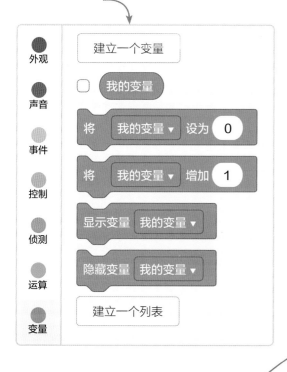

△ 在弹出的"新建变量"对话框中，输入新变量名"分数"。点击"确定"按钮，完成新变量"分数"的创建。

新建变量——"分数"就显示在代码积木区了。

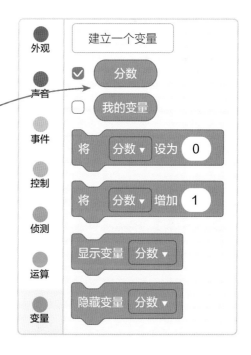

（2）设置变量。

我们让分数从 0 开始计起。

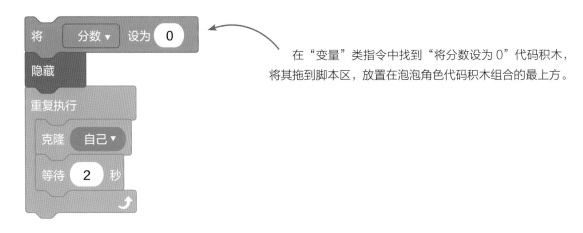

在"变量"类指令中找到"将分数设为 0"代码积木，将其拖到脚本区，放置在泡泡角色代码积木组合的最上方。

（3）控制变量。

当小刺豚戳破泡泡时，将分数值加 1。

找到"变量"类指令中的"将分数增加 1"代码积木，把它拖到"如果碰到 Pufferfish，那么……"积木下面的插槽中。

这样我们就为小游戏添加好计分功能了，真棒啊！

设置计时功能

比赛可不能一直进行，我们加入一个计时功能来控制游戏进程。这样比赛会更紧张刺激，而且也能控制好游戏时间。这里先将小游戏的时间设置为 1 分钟（60 秒），当到达 1 分钟时，游戏自动结束。

（1）添加计时器。

先来添加一个计时器，用它来帮忙计时。

在泡泡角色代码编辑状态下，点击屏幕左侧的"侦测"类指令按钮，找到"计时器"代码积木，点击"计时器"代码积木左侧的方框，将它勾选。

可以看到，在舞台区左上方出现了一个计时器。

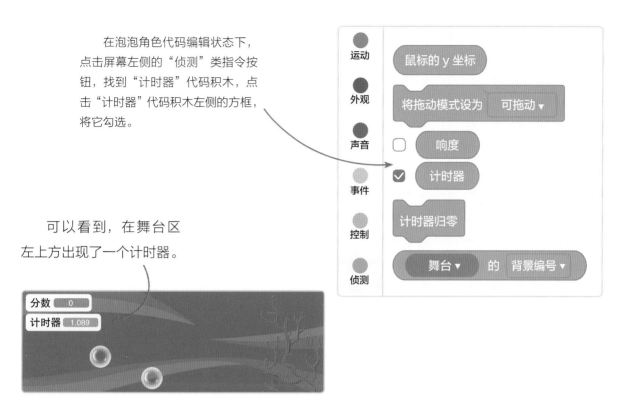

（2）初始化计时器。

每次程序启动时，计时器都应该重新计时，因此需要添加初始化计时器的功能，使计时器归零。

在"侦测"类指令中找到"计时器归零"代码积木，将其拖到脚本区，放到泡泡角色重复克隆代码块的最上方。

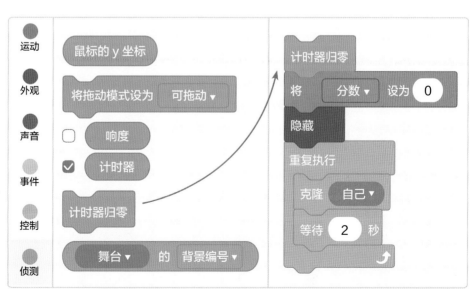

（3）计时器时间检测。

计时器的计时单位是秒，我们设定如果计时器超过 60，那么游戏结束。

在"控制"类指令中找到"如果……那么……"代码
积木，把它拖到脚本区。然后，拖动"运算"类指令中的
"……>50"代码积木插入"如果"后的阴影位置。因为
我们规定时间不能超过 60 秒，所以将数字修改为 60。

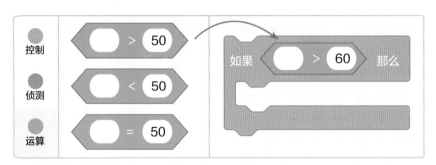

点击"侦测"类指令按钮，找到"计时器"
代码积木，将其拖到积木上"……>60"
前的白框中。

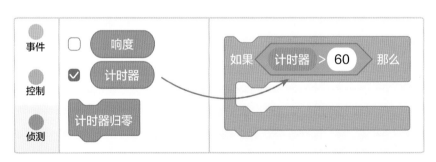

这样，我们就给游戏添加好了计时功能，计时 60 秒。

设置广播功能

游戏时间到，则游戏结束。这时，我们希望屏幕能显示"OVER"字样作为提示。怎么让
"OVER"角色执行相应指令呢？可以使用广播功能，让泡泡角色发出通知，告诉"OVER"
角色去执行。

（1）添加广播。

在泡泡角色代码编辑状态，点击左侧的"事件"类指令按钮，找到"广播……"积木，把它拖至计时器控制游戏进程的代码积木模块中。点击"广播……"积木上的"消息1"，弹出下拉列表，选择"新消息"选项。

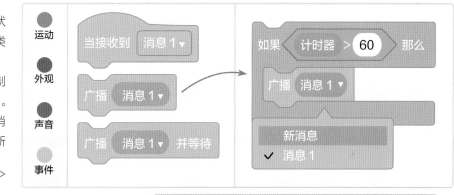

在弹出的"新消息"对话框中输入新消息"游戏结束"，然后点击"确定"按钮。

（2）接收广播。

点击角色区的"OVER"，进入角色编辑状态，点击屏幕左上角"代码"选项卡。在"事件"类指令中，找到"当接收到游戏结束"积木并把它拖至脚本区。

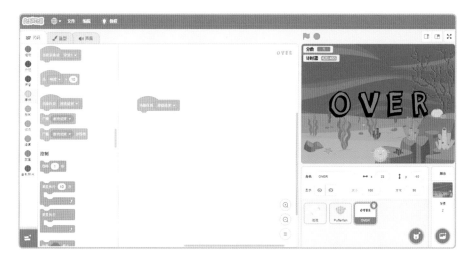

我们要通过设置，让角色"OVER"在游戏启动之后要一直处于隐藏状态，直到接收到"游戏结束"的广播，才显示出来。

在"外观"类指令中，找到"显示""隐藏"代码积木，把它们都拖到脚本区。将"显示"代码积木拼接到"当接收到游戏结束"代码积木下方。

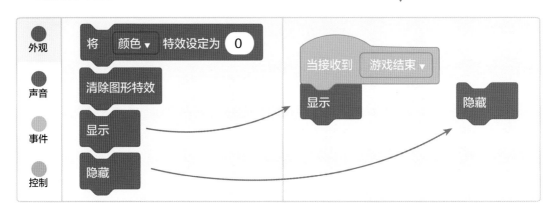

控制游戏进程

点击"控制"类指令按钮，找到"停止全部脚本"代码积木，把它拖至脚本区"显示"代码积木下方。

 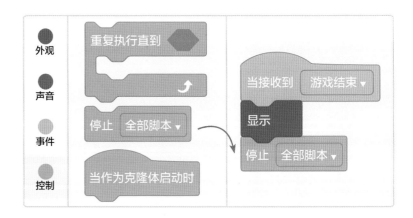

这样随着屏幕上显示出"OVER"，游戏也结束了。

运行与优化

我们来整理一下本次任务的程序代码吧！

为了让程序能够运行起来，我们还要将"事件"类指令中的 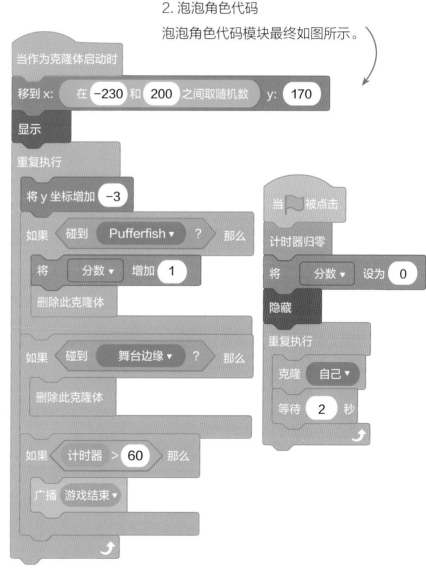，拖到几个角色代码的最上端。

1. 小刺豚代码

小刺豚角色代码模块最终如图所示。

2. 泡泡角色代码

泡泡角色代码模块最终如图所示。

3. "OVER" 角色代码

"OVER" 角色代码模块最终如图所示。

你是不是已经迫不及待想运行一下自己的程序了?

点击舞台上方的 按钮,就可以让程序运行起来了。看看你有没有成功编写出小刺豚戳泡泡的游戏吧。挑战一下,看看 1 分钟里,谁戳的泡泡最多!

即使你的游戏没有运行成功,也不要气馁,按照步骤再检查一下代码吧。

【小贴士】

从程序启动一直到收到广播之前,角色 "OVER" 都是处于隐藏状态且无其他角色行为,因此 要放到 "隐藏" 积木上。而 "停止全部脚本" 积木要放在 "显示" 积木的下方,如果不小心放在了 "隐藏" 代码积木下方,游戏就无法正常执行了哟。

👑 思维导图大盘点

让我们用思维导图整理一下，看看这个编程任务是怎么完成的吧。

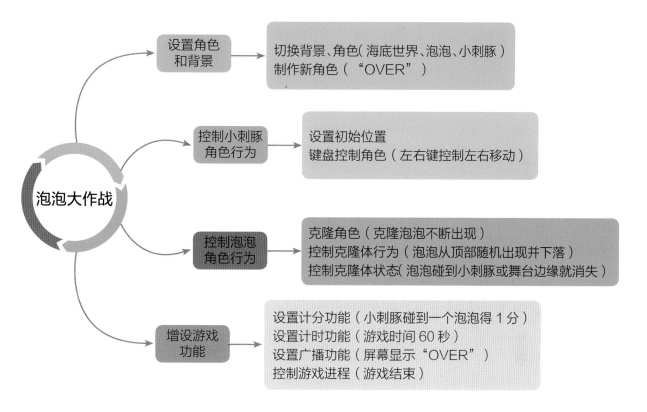

泡泡大作战

设置角色和背景 → 切换背景、角色（海底世界、泡泡、小刺豚）制作新角色（"OVER"）

控制小刺豚角色行为 → 设置初始位置 键盘控制角色（左右键控制左右移动）

控制泡泡角色行为 → 克隆角色（克隆泡泡不断出现）控制克隆体行为（泡泡从顶部随机出现并下落）控制克隆体状态（泡泡碰到小刺豚或舞台边缘就消失）

增设游戏功能 → 设置计分功能（小刺豚碰到一个泡泡得1分）设置计时功能（游戏时间60秒）设置广播功能（屏幕显示"OVER"）控制游戏进程（游戏结束）

👑 挑战新任务

恭喜你，又成功完成了一个小游戏，并且还解锁了新的技能！

现在，我们的小游戏越来越完善了！不过，小刺豚戳泡泡的动画看起来还不是很生动。接下来，请你开动脑筋，为我们的小游戏添加一些动画吧！

比如，当小刺豚戳中泡泡的时候发出泡泡破裂的声音。快来试试吧！

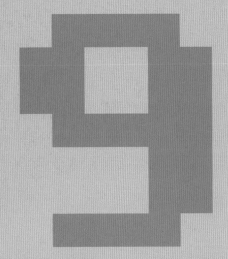

海中神枪手

解锁新技能

🔓 绘制新角色

🔓 角色位置检测

🔓 控制克隆体产生

一转眼，雯雯已经来到海底好久了，真有点儿想念外面的世界呢！想着想着，雯雯不知不觉地游到了海面。

　　蓝蓝的天空，蓝蓝的海面，这里的景色也很美啊！

　　噗——突然，一只飞在海上的小飞蛾被一道水柱射中，落入海里。

　　奇怪，哪里来的水柱呢？

　　雯雯正想着，又听到啊呜一声，刚刚落水的小飞蛾被一只射水鱼一口吞进了肚子。

　　原来，射水鱼一直躲在靠近海面的地方悄悄观察，一旦发现海面上方出现猎物，就会发起偷袭，然后饱餐一顿！

　　雯雯早就听说过，射水鱼可是海洋里的"神枪手"，它能从海里发射出水柱，击中在海面上方飞行的猎物。今天亲眼见到，觉得神奇又好玩。

领取任务

小朋友，让我们借助 Scratch，通过观察和思考，将射水鱼捕食的场景呈现在电脑上，再编写一个小游戏，比一比谁射中的猎物最多吧！

我们的任务是：程序启动，射水鱼跟随鼠标左右移动，天上随机出现飞动的小飞蛾。瞄准小飞蛾，点击鼠标，射水鱼会向小飞蛾发射水柱。如果水柱击中小飞蛾，那么加 1 分。

想完成任务，我们要做什么呢？

首先，除了切换好海面背景以及射水鱼和小飞蛾的角色，还要自己绘制新角色"水柱"。

其次，综合使用代码积木，搭建模块，实现用鼠标控制角色行为，使射水鱼能跟随鼠标左右移动。

再次，克隆角色并添加克隆体行为，让水柱和小飞蛾不断出现、能够移动，并且呈现出水柱射击小飞蛾的效果。

最后，利用变量为游戏添加计分功能，水柱每次击中小飞蛾，就加 1 分。

准备好了吗？让我们开始 Scratch 编程之旅，一起搭建神奇的代码模块，制作一个射水鱼捕食小飞蛾的小程序吧！

一步一步学编程

1 设置背景和角色

切换背景、角色

我们要表现的是海面场景，射水鱼向小飞蛾发射水柱。所以我们先设置好海面的背景，以及射水鱼和小飞蛾的角色。

采用从本地上传的方式，打开已经下载到电脑中的"案例 9"文件夹，从"3-9 案例素材"文件夹中找到并使用"海面""射水鱼"和"小飞蛾"图片，把背景切换为海面，把角色切换为射水鱼和小飞蛾。

然后把角色都调整为合适的大小，使之在舞台上呈现最佳效果。

绘制新角色

根据剧情需要，射水鱼通过射出"水柱"捕捉小飞蛾。
来学习绘制角色"水柱"吧。

鼠标指向角色区右下侧的小猫头像
图标，图标由蓝色变成绿色，点击上面
第三个按钮"绘制"。

在角色区出现了一个空白的新
角色"角色 1"。我们把它的名字
改为"水柱"。

屏幕左侧出现了角色绘制区，我们就在这里绘制水柱角色。

选择工具栏中的"线段"工具，但在绘制之前，我们要先把水柱的颜色和粗细设置一下。

点击画布上方"轮廓"属性的三角符号，弹出下拉列表，将亮度和饱和度拉到右侧的 100，然后把颜色标拉到 56（浅蓝色）的位置。"轮廓"属性右侧椭圆形框中的数字表示的是线段的粗细，这里先修改为 10。小朋友可以根据自己的喜好进行调整。

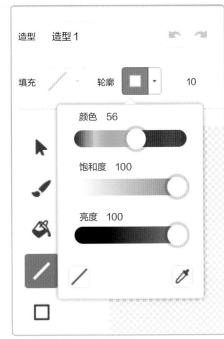

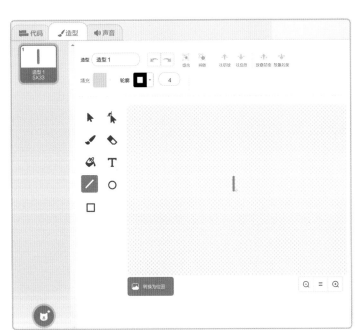

在画布上拖动鼠标，向下画出一条浅蓝色的粗竖线。这样，一个简单的水柱图案就绘制成功了。

② 鼠标控制角色

游戏中，射水鱼只能"潜伏"在水面下方寻找目标，因此我们规定射水鱼只能跟随鼠标在水面以下区域做水平运动。

点击角色区的射水鱼，再点击屏幕左上角的"代码"选项卡，进入角色编辑状态。

点击"运动"类指令按钮，找到"将x坐标设为……"代码积木，将其拖至脚本区。

▷

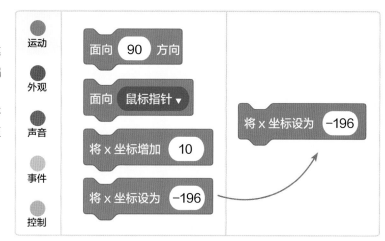

在"侦测"类指令中找到"鼠标的x坐标"代码积木，把它拖到脚本区，插入"将x坐标设为……"积木上的白框中。

◁

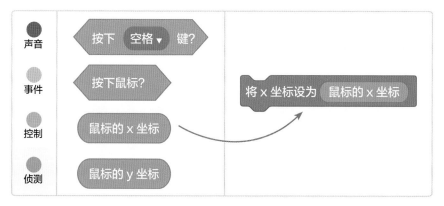

射水鱼的移动是持续的。点击"控制"类指令按钮，将"重复执行"代码积木拖至脚本区，包住刚才的"将x坐标设为鼠标的x坐标"代码积木。

点击积木组合，试试有没有成功实现射水鱼跟随鼠标水平移动的效果。

3 引入克隆体

克隆小飞蛾角色

根据剧情需要，小飞蛾不断地出现在舞台上方，这里又要用到"克隆"的功能。我们已经多次用到"克隆"了，还记得怎么为小飞蛾添加克隆体吗？

点击角色区的小飞蛾，进入角色编辑状态，点击屏幕左上角"代码"选项卡。

▷

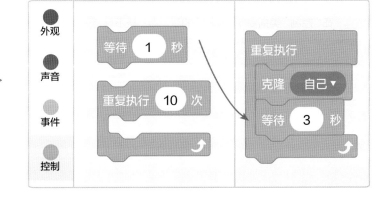

点击屏幕最左侧的"控制"类指令按钮，找到并拖动一个"克隆自己"代码积木到脚本区。

▷

点击屏幕最左侧的"控制"类指令按钮，找到并拖动一个"克隆自己"代码积木到脚本区。

▷

声音　事件　控制

当作为克隆体启动时
克隆　自己▾
删除此克隆体

→

克隆　自己▾

在"控制"类指令中再找到"重复执行"代码积木，把它拖到脚本区将"克隆自己"积木包裹起来。

▷

外观　声音　事件　控制

重复执行

如果　　　那么

→

重复执行
克隆　自己▾

为了控制小飞蛾的克隆速度，再拖动"控制"类指令中的"等待1秒"代码积木到脚本区，拼接到"克隆自己"积木下方，并把白框中的数字改为3。

▷

外观　声音　事件　控制

等待　1　秒

重复执行　10　次

→

重复执行
克隆　自己▾
等待　3　秒

克隆水柱角色

点击鼠标，射水鱼就要向小飞蛾射出水柱。我们要设置"点击鼠标"就有"水柱射出"的程序代码。实现的逻辑是，如果检测到按下鼠标，那么水柱就会出现。

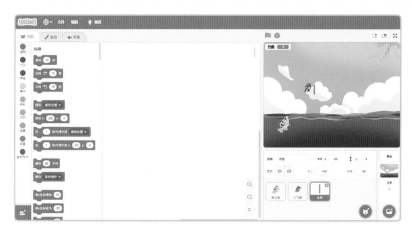

点击角色区的水柱，进入角色编辑状态，再点击屏幕左上角"代码"选项卡。

◁

先让水柱角色能够检测到按下鼠标。

点击"侦测"类指令按钮，找到并拖动"按下鼠标？"代码积木到脚本区，将它作为水柱出现的前提条件。▷

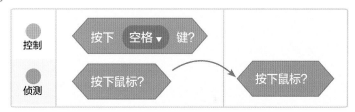

△ 在"控制"类指令中，找到"如果……那么……"代码积木，把它拖至脚本区，将刚刚用到的"按下鼠标？"代码积木放入"如果"后面的阴影位置。

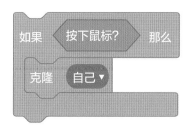

△ 按下鼠标就有水柱出现，这其实是一个水柱不断克隆自己的过程。在"控制"类指令中，找到"克隆自己"代码积木，把它放到"如果……那么……"结构的插槽里。

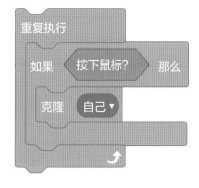

△ 当然，在整个游戏过程中，水柱将持续响应按下鼠标就克隆自己的指令，因此还需要添加一个"控制"类指令下的"重复执行"代码积木，用它把刚才的积木组合包裹起来。

4 控制克隆体行为

通过前面的学习，我们已经知道了，控制小飞蛾和水柱的行为主要是控制克隆体的行为。

接下来，请跟着一起回顾一下如何为克隆体添加积木，组合代码模块，控制克隆体行为吧。

小飞蛾克隆体

点击角色区的小飞蛾，进入角色编辑状态，点击屏幕左上角"代码"选项卡。

（1）触发克隆体指令。

在屏幕左侧的"控制"类指令中找到"当作为克隆体启动时"代码积木并把它拖到脚本区，为克隆体执行指令做准备。　▷

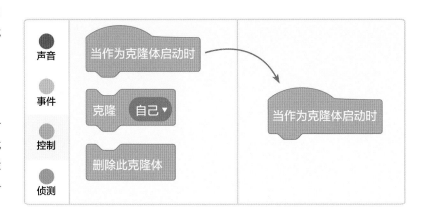

（2）设置克隆体位置。

设置一下小飞蛾们的出场位置吧。为了增加游戏趣味性，我们希望被克隆出来的小飞蛾随机出现在舞台上方。

在"运动"类指令中找到"移到 x：y："代码积木，把它拖到脚本区。　▷

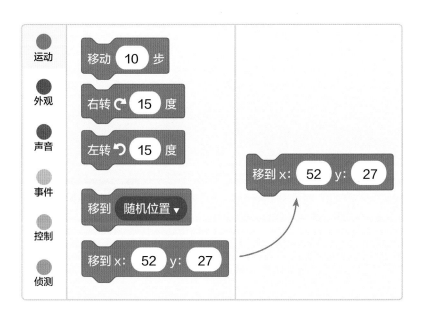

在"运算"类指令中找到"在 1 和 10 之间取随机数"代码积木，拖动两次分别放入脚本区"移到 x：y："积木中的两个白框中。　▽

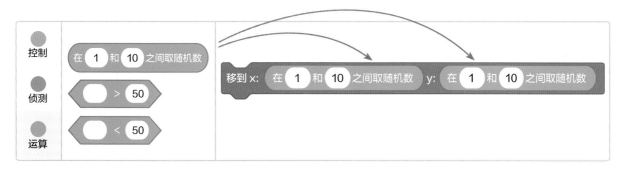

小飞蛾的位置应该是舞台范围内的海面以上，因此 x 坐标值的范围是舞台最左到最右之间，而 y 坐标值范围一定要在舞台顶部到海面之间。

用鼠标拖动舞台上的小飞蛾查看合适位置的坐标值并记录下来。这里，我们将小飞蛾的 x 坐标值范围设定为 -220 ～ 220，y 坐标值范围设定为 0 ～ 150。

（3）添加移动指令。

让小飞蛾动起来，在海面上"飞来飞去"吧。

拖动"运动"类指令中的"移动 10 步"代码积木到脚本区，白框中的数字是小飞蛾每次移动的大小，你可以根据自己的想法修改，这里我们先改为 3。

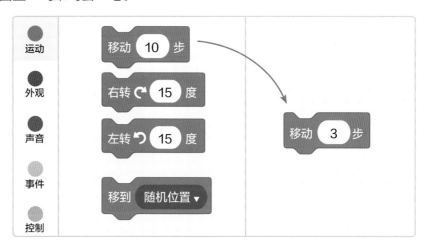

点击积木查看效果，是不是每点击一次，小飞蛾就向前飞 3 步呢？

不过，如果你一直点积木，小飞蛾就"飞"出舞台了。前面我们也学习过，需要让角色碰到边缘后反弹。

在"运动"类指令中找到"碰到边缘就反弹"代码积木，将它拖到脚本区拼接到"移动 3 步"代码积木的下方。

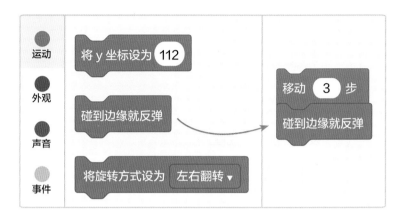

再点击积木查看一下效果。糟糕，小飞蛾反弹后变成"头朝下"了！这是小飞蛾默认的旋转方式，我们需要调整一下。

拖动"运动"类指令中的"将旋转方式设为左右翻转"代码积木到脚本区，拼接到"碰到边缘就反弹"积木的下方。

再点击一下这个积木组合模块试试，小飞蛾终于可以正常地掉转方向了。

小飞蛾如果没被击中，就要一直飞呀飞。别忘了"重复执行"代码积木哟！

从"控制"类指令中拖动一个"重复执行"代码积木到脚本区，包住刚才的积木组合。

水柱克隆体

点击角色区的水柱，进入角色编辑状态，点击屏幕左上角"代码"选项卡。

（1）触发克隆体指令。

在屏幕左侧的"控制"类指令中找到"当作为克隆体启动时"代码积木把它拖到脚本区。

当作为克隆体启动时

（2）设置"水柱"克隆体位置。

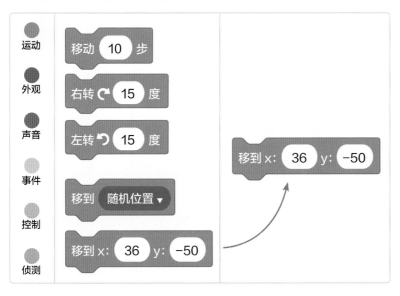

我们还是用设置坐标值的方法来控制水柱的出现位置。

在屏幕左侧的"运动"类指令中找到"移到 x: y:"代码积木把它拖到脚本区。

◁

水柱的坐标值怎么设置呢？我们先来想一想。

水柱是射水鱼"发射"出来的，它的 x 坐标值应该与射水鱼的 x 坐标值相同，而射水鱼的 x 坐标值是跟随鼠标的位置改变的，因此水柱的 x 坐标值也应该与鼠标的 x 坐标值相同。而且水柱应该出现在射水鱼的上方，因此又需要我们在舞台区拖动水柱，找到一个合适的位置并记录这个位置的 y 坐标值。这里，我们先将水柱出现的 y 坐标值记录为 –50。

在"侦测"类指令中找到"鼠标的 x 坐标"代码积木，把它拖到脚本区"移到 x: y:"代码积木左侧的白框中，将右侧白框中的数字修改为 –50。

（3）添加移动指令。

水柱需要向上"发射"，也就是不断向上方移动。

拖动"运动"类指令中的"将 y 坐标增加 10"代码积木到脚本区。点击一次积木，水柱向上移动 10 步，再次点击积木，水柱再上移 10 步。

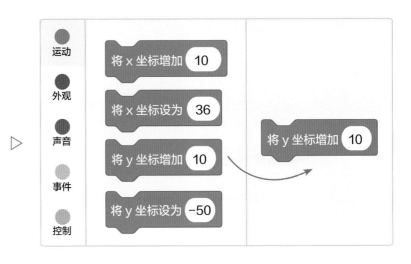

现在，水柱可以实现上移的效果了，如何让水柱持续上移呢？对了，当然是使用"重复执行"代码积木啦。

在"控制"类指令中找到"重复执行"代码积木，将它拖到脚本区，包住"将 y 坐标增加 10"代码积木，并和之前的积木拼接到一起。

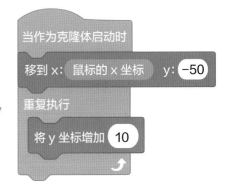

水柱射击小飞蛾

（1）碰撞检测。

如果水柱射中小飞蛾，那么水柱和小飞蛾将会消失。要先用角色碰撞检测功能帮水柱识别一下有没有碰到小飞蛾才行。

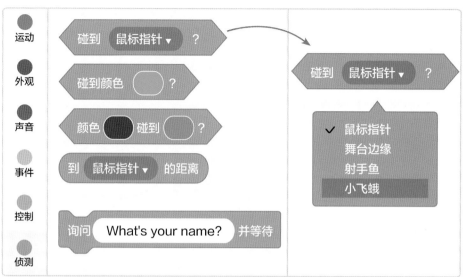

在水柱角色代码编辑状态下，从"侦测"类指令中找到角色碰撞检测的代码积木"碰到鼠标指针？"并把它拖到脚本区。

点击积木上的阴影部分，从弹出下拉列表中，选择"小飞蛾"选项完成条件设置。

水柱碰到小飞蛾要消失。我们通过删除水柱克隆体的方式实现消失的效果。

在"控制"类指令中找到"删除此克隆体"代码积木。

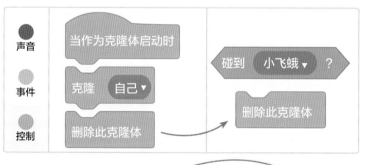

水柱是否消失是需要判断的。在"控制"类指令中找到"如果……那么……"代码积木，把它拖到脚本区。将"碰到小飞蛾"积木插入"如果"后的阴影位置，将"删除此克隆体"积木插入"那么"下方的插槽中。

水柱如果碰到小飞蛾，就会消失。这个结构设置好了。

（2）广播消息。

水柱射中小飞蛾，水柱消失的同时，小飞蛾也应该随着一起消失才行，这样才能呈现小飞蛾"被击中"的效果。想一想这个怎么设置呢？

小飞蛾要随着水柱消失而消失，那我们可以让水柱在它消失之前，用广播传递消息"通知"小飞蛾。

157

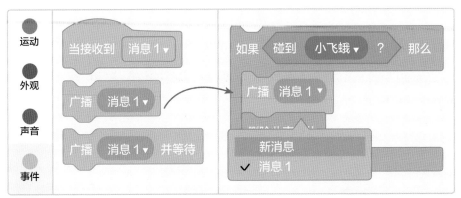

◁ 点击"事件"类指令按钮，找到"广播消息 1"代码积木，将它拖到脚本区，插到"删除此克隆体"代码积木上方。点击"消息 1"所在的阴影位置，弹出下拉列表,选择"新消息"选项。

在弹出的对话框中输入新消息内容"射中目标"，点击"确定"按钮。 ▷

这样，广播消息就设置好了。

接下来，要让小飞蛾接收到消息后消失。

在角色区点击小飞蛾，进入角色编辑状态，点击屏幕左上角"代码"选项卡。从"事件"类指令中,找到"当接收到射中目标"积木并把它拖至脚本区。 ▷

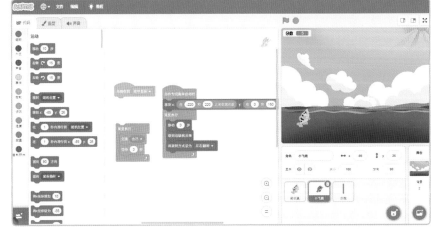

在"控制"类指令中找到"删除此克隆体"代码积木，并把它拖到脚本区，拼接到"当接收到射中目标"代码积木下方。

这样，小飞蛾接到消息后消失的积木模块也设置好了。

（3）位置检测。

水柱射中小飞蛾，水柱和小飞蛾会消失。但是，如果没射中小飞蛾，水柱会怎么样呢？对，即使没有射中，水柱到达一定高度时也应该消失。因此我们要对水柱运行的位置进行检测，当到达某个设定的高度时，就删除水柱克隆体。

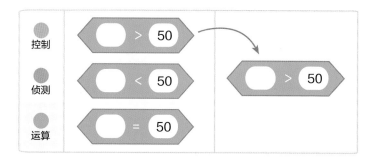

◁ 在角色区，点击水柱角色，进入角色编辑状态，点击屏幕左上角"代码"选项卡。从"运算"类指令中找到"……>50"代码积木，把它拖到脚本区。

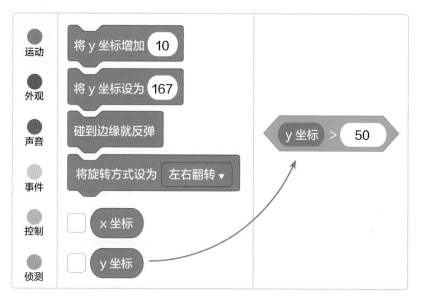

◁ 在"运动"类指令中再找到"y坐标"代码积木，放入"……>50"代码积木上左侧的空白框中。

用鼠标拖动舞台区的水柱查看位置，找到水柱应该消失的合适高度并记录 y 坐标值。这里我们将水柱消失的 y 坐标值设置为 160。

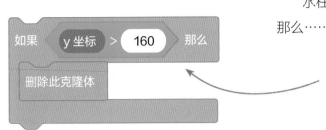

水柱是否消失是需要判断的，又要请"如果……那么……"代码积木来帮忙啦。

在"控制"类指令中找到它并把它拖到脚本区。在"如果"后的阴影位置插入已组合好的"y坐标>160"积木。再从"控制"类指令中拖动一个"删除此克隆体"代码积木插入"那么"下方的插槽里。

这样，每到这一规定高度，水柱就会消失了。

（4）重复执行。

只要游戏没结束，水柱就可以不断射向小飞蛾。因此水柱的角色碰撞检测、发出广播以及刚才的位置检测都要重复不断地进行。

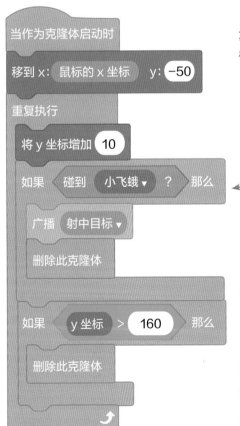

把这几个积木组合模块都插入"重复执行"代码积木中，拼接到"将y坐标增加10"的下方。

（5）"显示"与"隐藏"。

太棒了，我们已经基本完成了水柱的全部设置，让我们查看一下效果吧！点击水柱角色积木组合，试一试点击鼠标是否可以"发射"水柱。

不过，有一个水柱一直没有移动。又是老问题，我们将全部指令都加到了水柱克隆体上，并没有为最原始的水柱角色添加指令。水柱角色从开始到结束一直没有动。还是用老办法来解决，能动的显示，不能动的隐藏就好了。

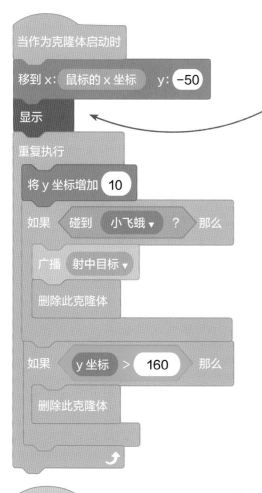

在"外观"类指令中找到"显示"和"隐藏"积木，把它们拖到脚本区。

将"显示"积木插到水柱克隆体"重复执行"积木上方。

将"隐藏"积木放到水柱角色的"重复执行"积木上方。

再试试查看一下效果吧。

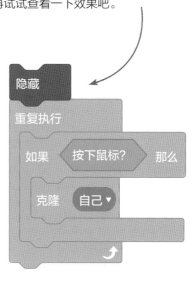

不要忘记，小飞蛾也存在这个问题哟！

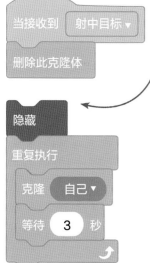

在角色区，点击小飞蛾角色，进入角色编辑状态，点击屏幕左上角"代码"选项卡。同样，从"外观"类指令中，找到并拖动"显示"和"隐藏"代码积木到脚本区。

将"显示"积木插到小飞蛾克隆体"重复执行"积木上方。将"隐藏"积木放到小飞蛾角色的"重复执行"积木上方。

5 设置计分功能

我们再加个小设计，让每击中一只小飞蛾就加 1 分！还记得怎么设置计分功能吗？还是要用到"变量"代码哟。

建立变量

新建一个变量——"分数"。

在水柱角色代码编辑状态下，点击屏幕左侧代码下方的"变量"类指令按钮，在旁边的代码积木区点击"建立一个变量"按钮。

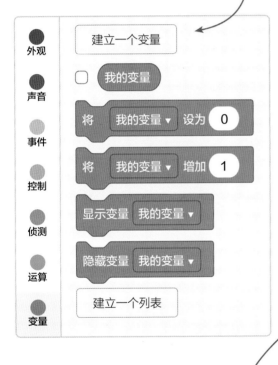

⚠ 弹出"新建变量"对话框，在"新变量名"下方的输入框中输入"分数"。点击"确定"按钮，完成新变量"分数"的创建。

新建变量——"分数"
就显示在代码积木区了。

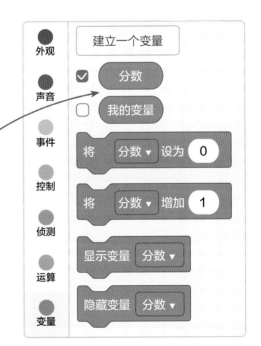

设置变量

我们让分数从 0 开始计起。

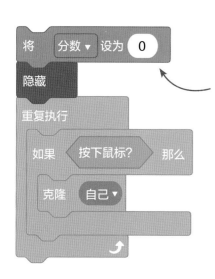

在"变量"类指令中找到"将分数设为 0"代码积木，将其拖到脚本区，放置在水柱角色代码积木组合的最上方。

控制变量

当射水鱼射中小飞蛾时，将分数值加 1。

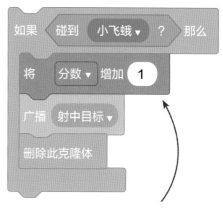

找到"变量"类指令中的"将分数增加 1"代码积木，把它拖到"如果碰到小飞蛾，那么……"积木下方的插槽中。小游戏的计分功能就可以实现啦。

🏆 运行与优化

我们来整理一下本次任务的程序代码吧！

为了让程序能够运行起来，我们还要将"事件"类指令中的 拖到几个角色代码的最上端。

1. 射水鱼角色代码

射水鱼角色代码模块最终如图所示。

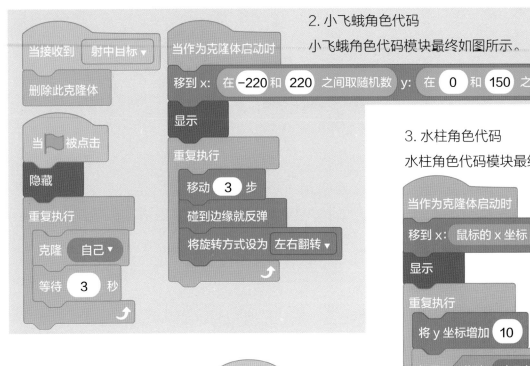

2. 小飞蛾角色代码

小飞蛾角色代码模块最终如图所示。

3. 水柱角色代码

水柱角色代码模块最终如图所示。

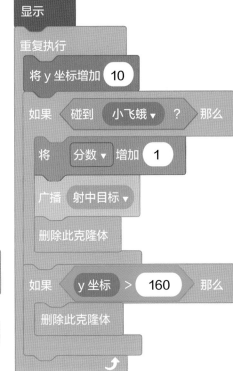

你是不是已经迫不及待想运行一下自己的程序了？

点击舞台上方的 ▶ 按钮，就可以让程序运行起来了。按下鼠标发射水柱，查看一下你有没有成功编写出射水鱼捕食小飞蛾的游戏吧？

即使你的游戏没有运行成功，也不要气馁，按照步骤再检查一下代码吧。

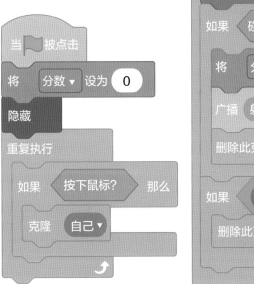

【小贴士】

水柱克隆体代码积木组合模块中，"删除此克隆体"代码积木要放在"广播"代码积木的下面才行。如果它在"广播"代码积木的上面，那么水柱还没发出消息就消失了。而小飞蛾也就接收不到广播，更无法随着水柱的碰撞而消失了！

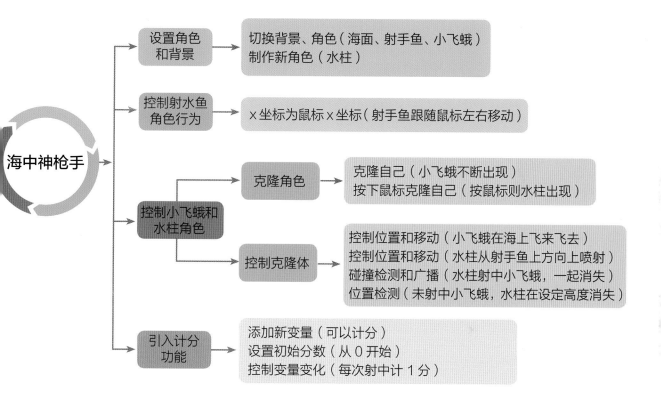

🐾 思维导图大盘点

让我们用思维导图整理一下，看看这个编程任务是怎么完成的吧。

海中神枪手

- **设置角色和背景** → 切换背景、角色（海面、射手鱼、小飞蛾）制作新角色（水柱）
- **控制射水鱼角色行为** → x 坐标为鼠标 x 坐标（射手鱼跟随鼠标左右移动）
- **控制小飞蛾和水柱角色**
  - **克隆角色** → 克隆自己（小飞蛾不断出现）按下鼠标克隆自己（按鼠标则水柱出现）
  - **控制克隆体** → 控制位置和移动（小飞蛾在海上飞来飞去）控制位置和移动（水柱从射手鱼上方向上喷射）碰撞检测和广播（水柱射中小飞蛾，一起消失）位置检测（未射中小飞蛾，水柱在设定高度消失）
- **引入计分功能** → 添加新变量（可以计分）设置初始分数（从 0 开始）控制变量变化（每次射中计 1 分）

🐾 挑战新任务

你是否成功地完成了本次的任务呢？

能够编写一个比较完整的小游戏可不容易，快为自己鼓鼓掌吧！我们要再接再厉哟！

我们的小游戏也是可以继续调整和完善的，想一想再试一试，能不能为小游戏再添加点别的什么功能呢？比如，添加一个计时器，看看在规定的 1 分钟时间里，谁射中的小飞蛾多吧！

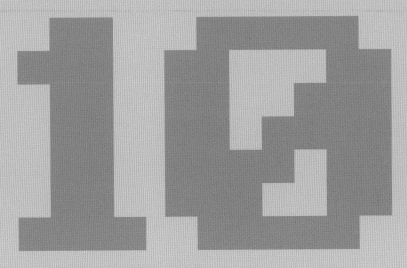

水母迷宫

解锁新技能

🔓 绘制新角色

🔓 键盘控制角色

🔓 角色碰撞检测

呜呜呜……从远处传来了哭声。怎么回事呢?

原来,虾宝宝要去找小海马玩,可是途中遇到了一个迷宫。

迷宫里有重重机关,只有一条路可以通行,但是可怕的毒水母走来走去把守着路线!

怎么才能走过迷宫见到好朋友呢?虾宝宝着急又害怕。

"我来帮你!"雯雯说。她决定帮助虾宝宝穿越迷宫与小海马会合。

虾宝宝,加油吧!一定可以安全穿过水母迷宫!

领取任务

小朋友，让我们借助 Scratch，通过观察和思考，将虾宝宝走迷宫的场景呈现在电脑上，再帮虾宝宝躲开水母，成功见到好朋友小海马吧！

我们的任务是：程序启动，虾宝宝在迷宫入口处，小海马在迷宫出口处，水母在迷宫中上下往返游动。用电脑键盘上的"↑""↓""←""→"键控制虾宝宝向前后左右移动，穿过迷宫去找小海马。虾宝宝碰到水母时，说"糟糕！"，同时游戏失败，程序结束；虾宝宝走出迷宫碰到小海马时，说"成功了！"，闯关成功，程序结束。

想完成任务，我们要做什么呢？

首先，除了切换好海底背景以及虾宝宝、小海马和水母的角色，还要绘制新角色"迷宫"。

其次，组建代码积木模块，控制角色行为，水母在迷宫里上下移动，让虾宝宝随着键盘方向键移动并且碰到迷宫壁会后退。

最后，用角色碰撞检测功能，设置好游戏失败和游戏成功的进程。

准备好了吗？让我们开始 Scratch 编程之旅，一起搭建神奇的代码模块，制作一个虾宝宝穿越水母迷宫的小程序吧！

一步一步学编程

1 设置背景和角色

切换背景、角色

这次任务要表现的是在海底场景下，虾宝宝躲避水母，穿越迷宫去找小海马。让我们先设置好海底世界的背景以及虾宝宝、小海马和水母的角色。

先用从本地上传的方式，打开已经下载到电脑中的"案例 10"文件夹，从"3-10 案例素材"文件夹中找到并使用"虾宝宝""小海马"图片，切换角色为虾宝宝和小海马。

再用从素材库选择的方式，在背景库的"水下"类背景和角色库的"动物"类角色中找到并使用"Underwater1"和"Jellyfish"，切换海底背景，添加水母角色。

水母角色的造型选用更符合本程序的第三种"Jellyfish-c"。在角色区把角色名字改为"水母 1"。同样方法，添加"水母 2"。

所有角色都调整为合适的大小，使之在舞台上呈现最佳效果。

绘制新角色

迷宫还没有呢！没关系，我们自己动手绘制一个"迷宫"角色。还记得怎么绘制角色吗？

鼠标指向角色区右下侧的小猫头像图标，图标会由蓝色变成绿色，点击上面第三个按钮"绘制"。

在角色区出现了一个空白的新角色"角色1"。我们把它的名字改为"迷宫"。屏幕左侧出现了角色绘制区，我们在这里绘制角色。

点击角色绘制面板左侧的"矩形"图标，将鼠标转换为矩形绘制工具。点击画布上方的"填充"和"轮廓"，你可以选择自己喜欢的颜色。这里，我们将填充的颜色值设置为23，饱和度设置为100，亮度设置为100；将轮廓的颜色值设置为0，饱和度设置为100，亮度设置为0，粗细设置为2。

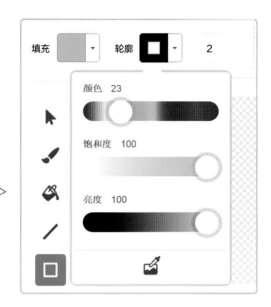

我们在画布上拖动鼠标，画出两个矩形，调整大小后摆放到合适位置，完成部分迷宫造型的绘制。

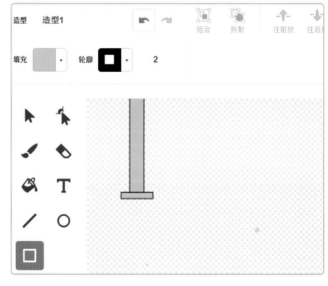

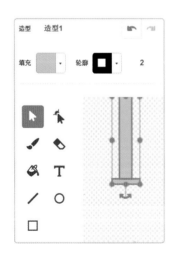

再来调整一下。点击"选择"工具，框选两个矩形。点击画布上方的"组合"图标，将两个矩形组合在一起。

组合后的多个图形会合并为一个图形，就不会因为鼠标拖动等操作而分开啦。这样我们就设置好迷宫的一处障碍墙啦。

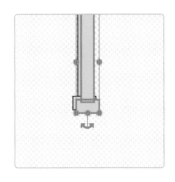

一堵障碍墙可太简单了，我们要多制作几个才行。一个一个画太麻烦，我们可以直接复制。

◁ 鼠标框选绘制好的图形，点击画布上方的"复制"图标，再点击"粘贴"图标，画布上又出现了一个相同的图形。

用这个方法多复制几堵障碍墙。

为了让障碍墙看起来更加多种多样，我们还可以让图形旋转角度、变换大小、伸缩长宽等。

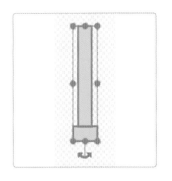

选中图形，鼠标放在角色下方的双箭头上，按下鼠标左键并左右移动鼠标，图形也会随之旋转。 ▷

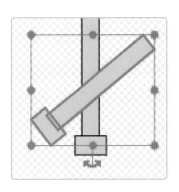

◁ 选中图形，拖动四个顶点，可以实现图形大小等比例缩放的效果。

选中图形，拖动上、下、左、右的控制点，可以调整图形的长度和宽度。 ▷

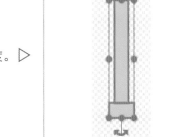

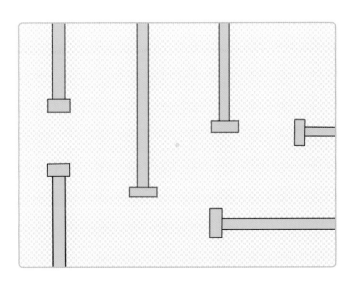

◁ 接下来，请你自由发挥，绘制一个自己满意的迷宫吧！但是要提醒一下，虾宝宝和小海马要分别放在入口和出口处，水母还要在迷宫里游来游去，因此画面还得留出空间给它们哟。

2 控制角色行为

设置角色初始位置

程序开始，虾宝宝、小海马和水母分别要出现在迷宫的入口、出口和里面。

点击角色区的水母 1，进入角色编辑状态，点击屏幕左上角的"代码"选项卡。在"运动"类指令中找到"移到 x: y: "代码积木，把它拖到脚本区。在舞台区拖动水母 1 放到合适的位置，并记录坐标值。这里，将水母 1 的 x 坐标值设置为 –100，将 y 坐标值设置为 –90。

▷

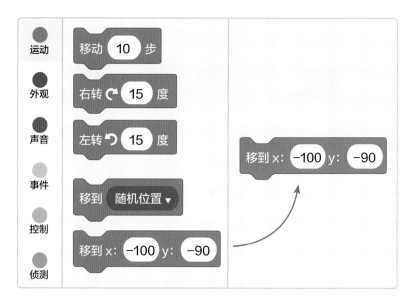

同样的方法，试试为水母 2、虾宝宝和小海马设置好初始位置吧。这里，将水母 2 的坐标值设置为 x: 30，y: 170；将虾宝宝坐标值设置为 x: –240，y: –110；将小海马的坐标值设置为 x: 150，y: 150。

添加水母角色移动指令

水母要持续地在迷宫中来回移动，实现把守迷宫的效果。我们可以为它添加重复往返运动指令。

先来学着设置一下水母 1 吧。

在水母 1 角色编辑状态下，点击屏幕左上角的"代码"选项卡。从"运动"类指令中拖动两次"在 1 秒内滑行到 x：y："代码积木到脚本区，并拼接到一起。

"在 1 秒内滑行到 x：y："这个代码积木可以实现角色在一定时间内移到某个位置。因为要实现往返移动，所以需要两个。

下面根据迷宫的样子，设置水母 1 的移动位置。这里，我们可以让水母 1 在迷宫中上下移动。

在舞台区拖动水母 1，记录移动到高处的坐标值。

◁

把高处的坐标值填入脚本区第一块滑行积木相应的白框中，"x: -100，y: 170"。水母移到高处后，还要重回低处，再把低处的坐标值填入第二块滑行积木相应的白框中，"x: -100，y: -90"。

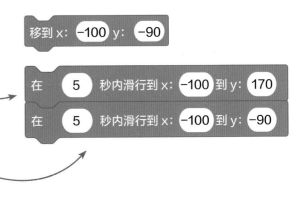

点击积木组合查看效果。如果觉得移动得太快，可以修改滑动时间，把积木上的 1 秒，更改为 5 秒。

水母不能只移动一个往返，还需要添加循环结构让它不停地"走来走去"。

在"控制"类指令中找到"重复执行"积木，把它拖到脚本区，包住滑动积木组合，并拼接到初始位置积木的下方。

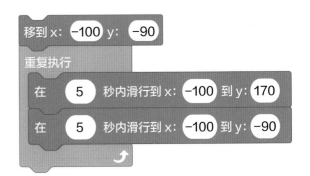

对水母 1 的移动控制就设置完成了。

同样的方法和步骤，试一试为水母 2 添加好重复往返运动指令吧。为了让画面效果更好，可以让它和水母 1 移动方向相反。你完成后的代码是这样的吗？

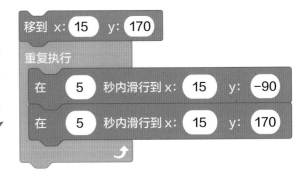

键盘控制虾宝宝角色

点击角色区的虾宝宝，进入角色编辑状态，点击屏幕左上角"代码"选项卡。

我们要使用键盘上的"↑""↓""←""→"键，控制虾宝宝的移动。如果虾宝宝检测到按下了方向键，那么就向相应的方向移动。这里要用到键盘检测和条件判断。

先来设置按下"↑"，虾宝宝就向上移动。

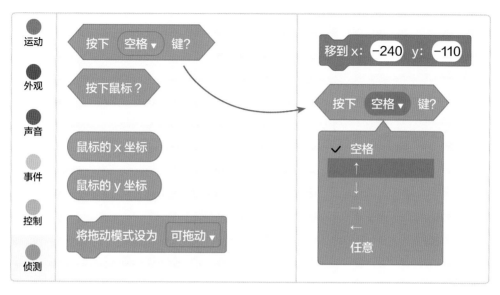

△ 在"侦测"类指令中找到"按下空格键？"代码积木，把它拖到脚本区。点击积木上的阴影部分，弹出下拉列表，选择"↑"选项。

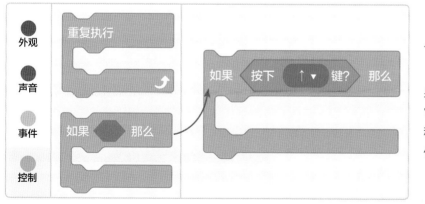

◁ 在"控制"类指令中找到"如果……那么……"代码积木并把它拖到脚本区。将"按下↑键？"积木插入到"如果"后面的阴影位置。

我们规定一下，每次按下"↑"键，虾宝宝向上方移动3步。这里，通过改变虾宝宝位置的y坐标值，控制虾宝宝移动。

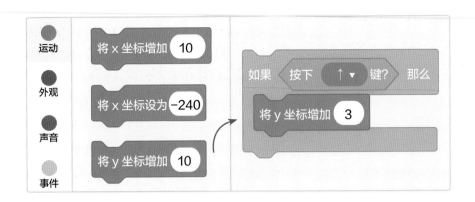

◁ 在"运动"类指令中找到"将 y 坐标增加 10"积木拖到脚本区，将白框中的数字改为3。然后把积木插入刚才积木组合"那么"下方的插槽中。按"↑"键，虾宝宝向上走 3 步的代码就设置好了。

用同样的方法完成其他几种效果的代码设置。按"↓"键，虾宝宝向下走 3 步；按"→"键，虾宝宝向右走 3 步；按"←"键，虾宝宝向左走 3 步。然后把积木都拼接到一起。

为了使虾宝宝持续不停地跟随按键移动，需要在"控制"类指令中找到"重复执行"代码积木并把它拖到脚本区，包住刚刚添加的积木组合。

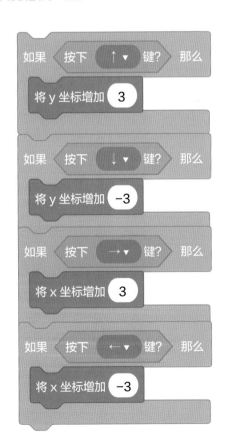

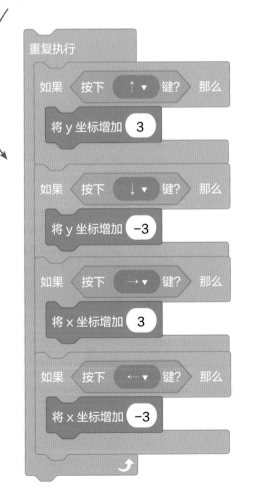

点击新的积木组合查看一下效果吧。

虾宝宝已经可以响应四个方向按键的指令了。但是，虾宝宝好像会"穿墙术"一般，在迷宫里横冲直撞，行动完全不受迷宫墙壁的限制。看来，我们还得做些什么！

设置虾宝宝移动条件

想一想，怎么实现虾宝宝碰到迷宫墙壁无法继续行走的效果呢？

其实很简单，如果虾宝宝碰到了迷宫墙壁，那么就退回到原来的位置。这样看起来虾宝宝就好像无法继续移动了。

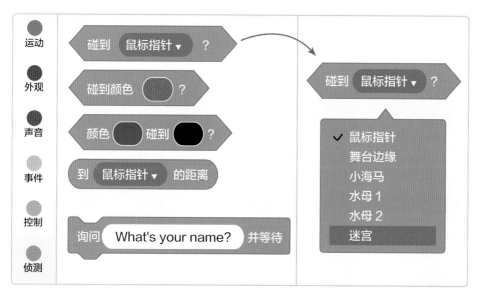

点击"侦测"类指令按钮，找到角色碰撞检测代码积木"碰到鼠标指针？"把它拖到脚本区。点击积木上的阴影部分，弹出下拉列表，选择"迷宫"选项。

对虾宝宝的行为是需要判断的。在"控制"类指令中找到"如果……那么……"代码积木，把它拖到脚本区。在"如果"后的阴影位置插入"碰到迷宫"积木。

如果碰到迷宫，那么虾宝宝"后退"，也就是执行和刚才相反的行动——按"↑"键，虾宝宝向下走3步；按"↓"键，虾宝宝向上走3步；按"→"键，虾宝宝向左走3步；按"←"键，虾宝宝向右走3步。

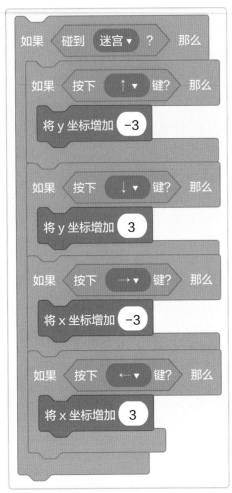

根据前面学过的，请你自己添加一下这些代码积木吧！

把完成的四个积木组合拼接起来，一起放到条件判断积木"那么"后的插槽里。

把这个积木组合拼接到之前响应键盘移动的积木组合下方。点击查看一下，想要的效果实现了吗？

◁

3 控制游戏进程
游戏失败

我们的设计是：如果虾宝宝碰到迷宫中的水母，那么虾宝宝说"糟糕！"，同时游戏结束。

在角色区，点击虾宝宝角色，进入角色编辑状态，点击屏幕左上角"代码"选项卡。

在"侦测"类指令中找到"碰到鼠标指针？"代码积木，因为有两个水母角色，我们拖动两个积木到脚本区。点击积木上的阴影部分，分别选择"水母1"和"水母2"选项。 ▽

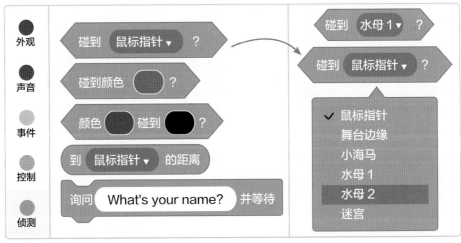

从"控制"类指令中，找到"如果……那么……"积木并把它拖至脚本区。

"如果……那么……"积木上只有一处能插入条件的位置，但我们有两个侦测水母角色的积木。这可怎么办？

这里，要用到逻辑运算符了。前面我们学习过逻辑运算符——与、或、非，初步了解了它们的含义。还记得吗？

逻辑运算符包括"与""或""非"三种运算符。与：当两个表达式都为真时，结果为真，否则为假。或：只要有一个表达式为真，则结果为真。非：当表达式结果为假时，则结果为真。

想一想，这里我们要选择哪种逻辑运算符呢？

不论虾宝宝碰到水母 1 还是水母 2，游戏都会失败，两个条件只要有一个满足，则结果为真。所以，这里要使用逻辑运算符"或"。

点击"运算"类指令按钮，找到"……或……"积木把它拖至脚本区，插入"如果……那么……"积木上的阴影位置。

再将"碰到水母 1？"和"碰到水母 2？"积木分别放入"……或……"代码积木左右两侧的阴影位置。

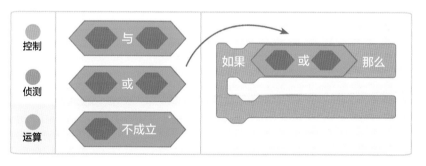

虾宝宝碰到水母后会怎样呢？先说"糟糕！"，然后游戏结束。

点击"外观"类指令按钮，找到"说你好！2秒"代码积木把它拖至脚本区，将白框中的文字修改为"糟糕！"，然后把积木插入"如果……那么……"积木组合中间的插槽中。

再在"控制"类指令中找到"停止全部脚本"代码积木，把它拖至脚本区拼接在刚才说话积木的下方。

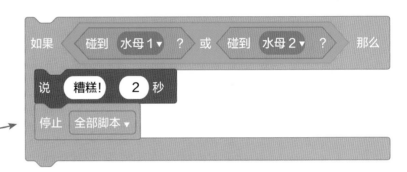

碰到水母则游戏失败的代码就设置好了。

游戏成功

关于游戏成功，我们的设计是：如果虾宝宝碰到小海马，那么虾宝宝说"成功了！"，同时游戏结束。

游戏成功的代码是不是和前面游戏失败的代码非常相似呢？请你自己动手动脑，完成这里的设置吧。

◁ 完成后再对照一下，你的代码是不是这样的呢？

在游戏结束之前，虾宝宝要不断判断是否碰到了水母、小海马。因此这两个代码积木组合也要拼接起来一起放进虾宝宝角色代码的"重复执行"结构中哟！

🐚 运行与优化

我们来整理一下本次任务的程序代码吧!

为了让程序能够运行起来,我们还要将"事件"类指令中的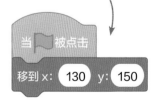

拖到几个角色代码的最上端。

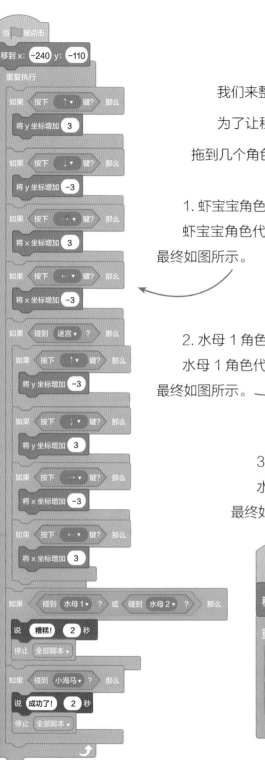

1. 虾宝宝角色代码
虾宝宝角色代码模块
最终如图所示。

```
当 ▶ 被点击
移到 x: −100 y: −90
重复执行
    在 5 秒内滑行到 x: −100 到 y: 170
    在 5 秒内滑行到 x: −100 到 y: −90
```

2. 水母 1 角色代码
水母 1 角色代码模块
最终如图所示。

3. 水母 2 角色代码
水母 2 角色代码模块
最终如图所示。

```
当 ▶ 被点击
移到 x: 15 y: 170
重复执行
    在 5 秒内滑行到 x: 15 y: −90
    在 5 秒内滑行到 x: 15 y: 170
```

4. 小海马角色代码
小海马角色代码模块
最终如图所示。

```
当 ▶ 被点击
移到 x: 130 y: 150
```

你是不是已经迫不及待想运行一下自己的程序了？

点击舞台上方的 ▶ 按钮，可以让程序运行起来了。按键盘上的四个方向键，你能帮虾宝宝躲过水母，走出迷宫，成功找到小海马吗？

即使你的程序没有运行成功，也不要气馁，按照步骤再检查一下代码吧。

【小贴士】

检测虾宝宝是否碰到水母和小海马的代码积木一定都要放进"重复执行"结构里面，否则程序将无法正常终止哟。

👑 思维导图大盘点

让我们用思维导图整理一下，看看这个编程任务是怎么完成的吧。

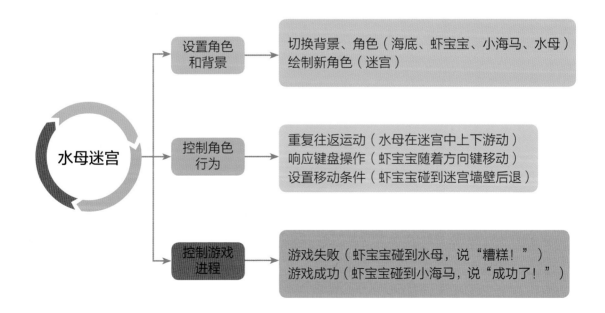

挑战新任务

恭喜你，又一次顺利完成了一个编程任务。

你还可以继续发挥想象，多多尝试，不断挑战，让小程序的功能更加丰富多样、有趣好玩。

比如，虾宝宝和小海马会合时，一定非常开心，你能给虾宝宝添加一个舞蹈吗？快试一试吧！

小美人鱼雯雯在神奇的海底世界不仅欣赏了美丽的风景，还交到了好多朋友。大家都很喜欢这个勇敢、善良、聪明的小姑娘。大家被雯雯的热心和爱心感动了，奖励雯雯一颗亮闪闪的珍珠，祝福雯雯一直幸福开心！

雯雯不知不觉流下了感动的眼泪！

呜呜呜……雯雯哭醒了。啊，原来是做了一个梦！可是手里真的多了一颗亮闪闪的珍珠。

真是一段奇妙难忘的梦游海底的旅程啊！雯雯小心地把珍珠捧在手心里，心想：我要把它做成项链，每天都戴着……

附录 1 安装 Scratch

小朋友，Scratch 是由美国麻省理工学院（MIT）专门为少儿设计开发的编程工具。有两种方法可以获得 Scratch 编程环境。

第一种方法是使用网页版。在浏览器输入网址 https://scratch.mit.edu/projects/editor/，进入网页后可直接编程。

第二种方法是安装客户端。在网页 https://scratch.mit.edu/download 下载 Scratch 电脑客户端，安装在自己的电脑中。

小朋友，咱们一起来详细了解如何利用第二种方法邀请 Scratch "住" 进我们的电脑吧！

（1）进入下载页面后，点击 `直接下载` 。 ▽

（2）弹出 "新建下载任务" 对话框，点击 "下载" 按钮。▽

（3）稍等片刻，在桌面上看到这样的图标就是我们的安装文件啦！ ▷

（4）双击 Scratch 安装文件，打开安装软件对话框，点击 "安装" 按钮。 ▷

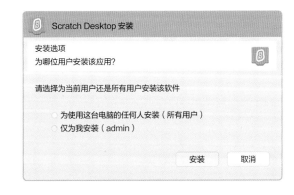

（5）Scratch 进入安装状态，静静等待自动安装。▽

（6）弹出正在完成安装提示后，点击"完成"按钮。▽

（7）安装完成后，就进入 Scratch 编程环境啦！▽

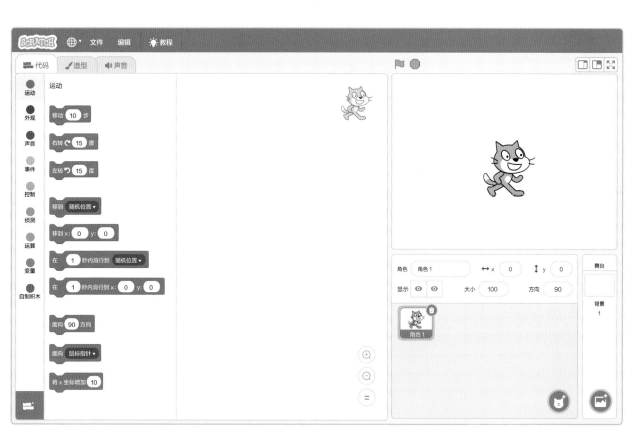

附录 2 Scratch 编程环境简介

Scratch 编程环境根据不同功能划分为六个区域。

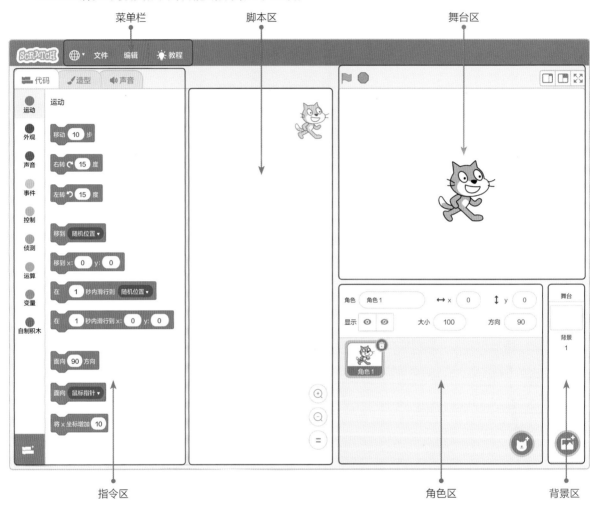

【小贴士】

　　小朋友，本书的所有案例任务都是用 Scratch3.0 完成的。由于 Scratch 会迭代升级，它的界面会不断更新，图标会不断优化，功能也会不断完善。如果你发现自己用的 Scratch 和本书的不一致，那也没关系，因为变化的只是它的"皮肤"，不变的是它的内在逻辑。相信你一定可以找到所有案例任务的实现方法！

1. 指令区

指令区的上方有三个选项卡。当选中角色时，三个选项卡分别为"代码""造型"和"声音"；当选中背景时，三个选项卡分别为"代码""背景"和"声音"。

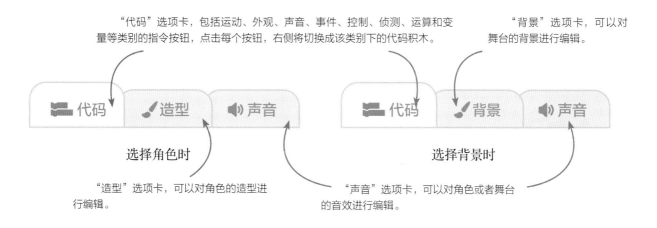

"代码"选项卡，包括运动、外观、声音、事件、控制、侦测、运算和变量等类别的指令按钮，点击每个按钮，右侧将切换成该类别下的代码积木。

"背景"选项卡，可以对舞台的背景进行编辑。

选择角色时

选择背景时

"造型"选项卡，可以对角色的造型进行编辑。

"声音"选项卡，可以对角色或者舞台的音效进行编辑。

Scratch 还支持自制积木，小朋友可以根据需要自己创建完成指定功能的自制积木呢！

除此之外，Scratch 还提供了一些扩展积木，点击屏幕左下角的 图标，你可以添加更多丰富积木。

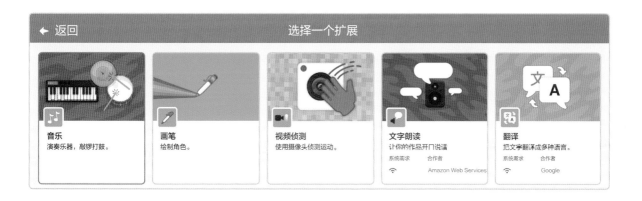

2. 脚本区

脚本区是我们编程的空间，可以在指令区点击并拖动需要的积木到脚本区，拼接在一起的积木能够完成动画、故事效果，或者形成有趣的游戏。

3. 舞台区

舞台区是程序最终运行的场所，所有编程的效果将在舞台区进行展现。舞台区有五个控制按钮。

点击▶按钮，程序启动，所有角色被点击后面的代码开始执行。

点击⬣按钮，程序停止，所有角色停止执行代码。

点击 ▯▯ 按钮，切换 Scratch 环境的布局形式。

点击 ⛶ 按钮，舞台将最大化为全屏模式，这时再点击右上角 ⛶ 按钮可以退出全屏模式。

4. 角色区

角色区包括角色列表和角色属性面板。点击 🦁 图标，可以通过不同方式添加角色。角色列表包含了程序所有的角色。点击角色列表中的某个角色，点击右键后可以复制、导出或删除该角色；同时切换到该角色的属性面板，其中包含角色名字、显示效果、位置、大小和方向等属性信息，可以对其进行手动修改。

5. 背景区

背景区实现对舞台背景的管理，Scratch 默认为"背景 1"的白色背景，点击图标 ，可以通过不同方式上传背景。

6. 菜单栏

菜单栏主要包括四个菜单按钮。

点击菜单按钮 ⊕，打开语言列表，可以修改 Scratch 编程环境的显示语言。

菜单按钮"文件"，包括"新作品""从电脑中上传"和"保存到电脑"三个命令。

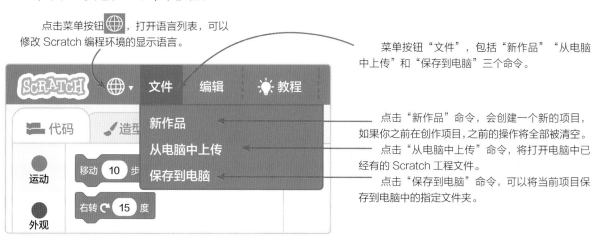

点击"新作品"命令，会创建一个新的项目，如果你之前在创作项目，之前的操作将全部被清空。

点击"从电脑中上传"命令，将打开电脑中已经有的 Scratch 工程文件。

点击"保存到电脑"命令，可以将当前项目保存到电脑中的指定文件夹。

菜单按钮"编辑"，包括"恢复"和"打开 / 关闭加速模式"两项。

其中"打开 / 关闭加速模式"是对加速状态的控制。当点击"打开加速模式"时，程序就相当于进入快进状态，执行速度会大大提高。在加速状态下，点击"关闭加速模式"，则结束快进状态。

菜单按钮"教程"，展示了 Scratch 给我们所提供的丰富案例库。

← 返回　　　　　　　　　选择一个教程

🔍 搜索　　　所有　动画　艺术　音乐　游戏　故事

入门　　姓名动画　　想象一下　　制作音乐　　创作故事

附录 3 Scratch 常用功能模块简介

　　小朋友，相信你已经认识并熟悉了 Scratch 中的各种指令和各个代码积木了。通过搭建神奇的代码模块，可以实现各种各样的功能，从而完成程序的编写，设计好玩的游戏和有趣的动画。

　　要知道，"模块化"可是编程中非常重要的一种思维模式，在编写小程序的过程中，希望你能够善于观察和思考，总结经常用到的功能模块。

　　常见功能模块有以下四大类：

1. 外观类功能模块

（1）造型切换

（2）颜色变换

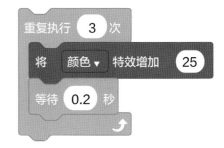

2. 运动类功能模块

（1）控制角色往返移动

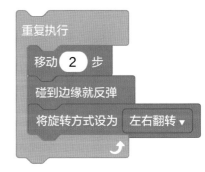

（2）使用键盘控制角色

（3）控制角色跟随鼠标移动

（4）移到随机位置

3. 检测类功能模块

（1）角色碰撞检测

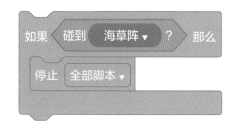

（2）位置碰撞检测

（3）颜色碰撞检测

4. 克隆类功能模块

（1）重复克隆自己

（2）有条件地克隆自己

上面的功能模块你都熟练掌握了吗？在今后的编程学习中，你一定要善于总结，多多积累自己常用的功能模块，建成一座自己的"模块仓库"。这可以帮助你在完成编程任务时更快速、更灵活地找到思路和方法，也会让你的编程学习变得更加轻松有趣！